基礎から学ぶ

Next.js

ネクストジェイエス

大島祐輝 著

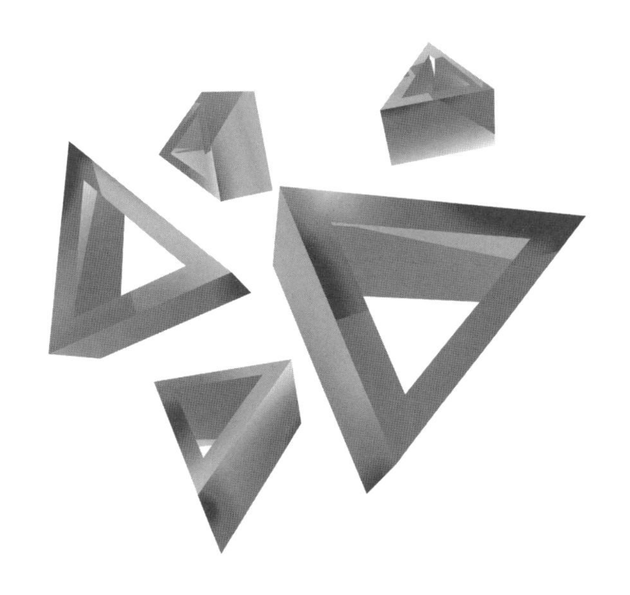

C&R研究所

■権利について

- 本書に記述されている社名・製品名などは、一般に各社の商標または登録商標です。
- 本書では™、©、®は割愛しています。

■本書の内容について

- 本書で紹介しているサンプルコードは、著者のGitHubリポジトリからダウンロードすることができます。詳しくは7ページを参照してください。
- サンプルデータの動作などについては、著者・編集者が慎重に確認しております。ただし、サンプルデータの運用結果にまつわるあらゆる損害・障害につきましては、責任を負いませんのであらかじめご了承ください。
- サンプルデータの著作権は、著者およびC&R研究所が所有します。許可なく配布・販売することは堅く禁止します。

●本書の内容についてのお問い合わせについて

この度はC&R研究所の書籍をお買いあげいただきましてありがとうございます。本書の内容に関するお問い合わせは、「書名」「該当するページ番号」「返信先」を必ず明記の上、C&R研究所のホームページ（https://www.c-r.com/）の右上の「お問い合わせ」をクリックし、専用フォームからお送りいただくか、FAXまたは郵送で次の宛先までお送りください。お電話でのお問い合わせや本書の内容とは直接的に関係のない事柄に関するご質問にはお答えできませんので、あらかじめご了承ください。

〒950-3122 新潟県新潟市北区西名目所4083-6　株式会社 C&R研究所　編集部
FAX 025-258-2801
『基礎から学ぶ Next.js』サポート係

PROLOGUE

本書を手に取っていただきありがとうございます。本書はReactをベースにしたフロントエンド開発のフレームワークである**Next.js**を使ってWeb開発を行うための入門書です。Next.jsはさまざまな機能を持つフレームワークで、パフォーマンスの高いWebサイトやアプリケーションを開発することができます。また、新しい機能の開発も積極的に行われており、他のフレームワークにはない先進的な機能を備えています。

本書の概要

本書の前半では下記のステップでNext.jsを使った開発を習得していくことができます。

- React/Next.jsを利用するに当たっての前提知識(CHAPTER 01)
  - Next.jsが生まれた背景(12ページ)
  - モダンなJavaScriptの関連概念(15ページ)
  - TypeScriptの文法(21ページ)
  - Reactの基本概念(54ページ)
  - Next.jsの基本概念(69ページ)
- Next.jsを使った実際のアプリケーション開発のハンズオン(CHAPTER 02)
  - プロジェクトのセットアップ(88ページ)
  - アプリケーションの実装(94ページ)
  - デプロイメント(159ページ)

CHAPTER 01ではNext.jsを使ったアプリケーション開発に必要な前提知識を学びます。まずはWebアプリケーション開発の進化の中でNext.jsが生まれた背景に簡単に触れます(12ページ)。Next.jsがどのような問題意識の中で生み出され、それに対してどのような解決策を提供しているのかを理解することが目的です。

次にNext.jsを動作させるサーバーサイドのJavaScriptランタイムである**Node.js**、およびNext.jsでの実装で活用するモダンなJavaScriptの仕様である**ECMAScript**、さらに追加で静的な型アノテーションを提供する**TypeScript**について学びます(15ページ)。

Node.jsはReact/Next.jsでの開発に必須のランタイムです。16ページでインストールして使い方を確認しておきます。また、モダンなJavaScriptを使った実装で必要になるECMAScriptやトランスパイルやバンドルといった概念についても理解していきます。

Next.jsでの開発にTypeScriptを利用することは一般的になっています(Next.jsはデフォルトでTypeScriptをサポートしています)。また、実用上も実装が複雑化するにつれてTypeScriptを利用することで開発効率が向上します。そのため、本書でのハンズオンではすべてTypeScriptを利用して開発を行います。21ページではTypeScriptとそれに含まれるECMAScriptの文法を学びます。

Next.jsは**React**をベースにしたフレームワークであるため、React自体の仕組みや概念の理解も重要です。54ページではReactのJSXや状態管理といった基本概念を学んでいきます。

69ページではNext.jsの基本概念を学びます。最初にNext.jsがReactのどのような問題を解決するのかという点を見ていきます。その後、サーバーサイドレンダリングやファイルベースルーティング、APIルートといったNext.jsの特徴的な機能について学びます。

CHAPTER 02では実際にNext.jsを使ったアプリケーション開発のハンズオンを行います。Next.jsのサーバーサイドレンダリングやルーティング機能を活用したアプリケーションを実装していきます。プロジェクトのセットアップ(88ページ)からソースコードの詳細(94ページ)、デプロイメント(159ページ)までを学ぶことができます。

さらに本書の後半では大きな機能アップデートのあった**React 18**と**Next.js 13**を活用したアプリケーション開発についても理解することができます。これらの活用によってより柔軟にサーバーサイドレンダリングを活用し、パフォーマンスの高いアプリケーションを実装することができるようになります。

- ReactとNext.jsの進化(CHAPTER 03)
  - React 18(164ページ)
  - Next.js 13(169ページ)
- Next.js 13を使ったアプリケーション開発のハンズオン(CHAPTER 04)
  - プロジェクトのセットアップ(178ページ)
  - アプリケーションの実装(186ページ)

CHAPTER 03ではReact 18とNext.js 13の新機能について学びます。React 18では並行レンダリングや非同期サーバーサイドレンダリングといった機能が追加されています。164ページでそうした新機能の詳細を理解し、Next.js 13を利用する準備を行います。

169ページではNext.js 13で追加された新機能を学んでいきます。新しいルーティングの仕組みやサーバーコンポーネントを利用したレンダリングの仕組みを理解していきましょう。

CHAPTER 04ではこのNext.js 13を利用したWebアプリケーションを実装するハンズオンを行います。サーバーコンポーネントや非同期サーバーサイドレンダリングを活用しつつ、Tailwind CSSを利用したスタイリングも習得することができます。また、`next/image` や `next/font` といったパフォーマンス向上のためのNext.jsの諸機能の使い方も解説します。

以上が本書の概要になります。

本書を一通り読んでいただくことで、Next.jsを使ったWebアプリケーション開発の基礎知識を習得することができます。筆者はNext.jsを普段から業務/趣味を問わずに利用してさまざまなアプリケーションを開発しています。Next.jsはアイデアを素早く形にするためのプロトタイピングから本格的なアプリケーション開発まで幅広く活用できるフレームワークです。

本書が皆さんのフロントエンドエンジニアとしてのスキルアップやより良いアプリケーション開発のための参考になれば幸いです。

2023年6月

大島祐輝

本書について

前提と事前の準備

本書での記述でNext.jsを使ったアプリケーション実装について完結した知識が得られるように書いていますが、HTML/CSS/JavaScriptやHTTP通信の基礎知識は省略している部分があります。より詳しいWebサイト/アプリケーションの動作原理を知りたい方はMDN Web Docsの「ウェブ入門」ページをご覧いただくのがよいでしょう。

- ウェブ入門 - ウェブ開発を学ぶ | MDN

  URL https://developer.mozilla.org/ja/docs/Learn/Getting_started_with_the_web

コードを編集する環境としてはVisual Studio Code(VS Code)がおすすめです。次のページからダウンロードしてインストールすることができます。

- Visual Studio Code - Code Editing. Redefined

  URL https://code.visualstudio.com/

説明やサンプルコードについて特定のエディターに依存することはないので、すでに他のエディターをご利用の方はそちらを使っていただいて構いません。

コマンドラインでの操作についてはWindowsの場合はPowerShell、Macの場合はターミナルを利用することを想定しています。いずれのOSでも標準でインストールされているので、特に準備は必要ありません。

執筆時の動作環境について

本書で下記の環境で動作確認を行っています。

- PC
  - Macbook Pro (13-inch、M1、2020)
  - macOS Big Sur 11.4
  - Apple M1
- ツール
  - Visual Studio Code 1.78.2
  - Node.js 16.14.2
  - npm 8.5.0
  - React 18.2
  - Next.js 13.2
  - TypeScript 4.9

本書に記載したソースコードについて

本書に記載したサンプルプログラムは、誌面の都合上、1つのサンプルプログラムがページをまたがって記載されていることがあります。その場合は▼の記号で、1つのコードであることを表しています。

サンプルについて

CHAPTER 02、CHAPTER 04で作成しているサンプルについては下記のリポジトリでソースコードを公開しています。下記のリポジトリでは、各章のディレクトリの中に各セクションのディレクトリがあります。

URL https://github.com/yuki-oshima-revenant/nextjs-from-basics-handson

CONTENTS

CHAPTER 02

Next.jsでWebアプリを作ってみよう（ハンズオン基礎編）

CHAPTER 03

ReactとNext.jsの進化

CHAPTER 04

進化したNext.jsでWebアプリを作ってみよう（ハンズオン応用編）

CHAPTER 01

Next.jsの基礎

本章ではNext.jsの基礎について解説していきます。
まずはNext.jsが登場するに至った背景や、Next.jsでのアプリケーションを実装するために利用するモダンなJavaScriptの詳細について説明していきます。
次にNext.jsのベースとなっているReactの内容を見ていきます。
最後にNext.jsがどのようなものかを詳しく説明します。

Webアプリケーション開発の進化

まず、はじめにWebアプリケーションを開発するためのフレームワークとしてNext.jsが登場するに至った背景を簡単に確認していきます。

Webアプリケーションの開発

WebブラウザはHTTP通信によってWebサーバーからドキュメントの構造を記述するHTML(HyperText Markup Language)やその要素の見た目をカスタマイズするCSS(Cascading Style Sheets)、画像といった素材を取得しそれらによってWebページを画面に表示しています。

本書ではWebサーバーにページの素材などを要求することをHTTPリクエスト、それに応じてサーバーからデータを送信することをHTTPレスポンスと呼びます。HTTPリクエストにはいくつかの種類があります。ブラウザのURL入力欄にWebサイトのアドレスを入力したときはGETリクエストが実行されます。GETリクエストは単にデータを取得することが目的のものです。対してPOSTという形式のリクエストではデータを送信することができます。たとえば、Webサイトのフォームに入力した内容をサーバーに送信するときはPOSTリクエストを利用します(その他にもDELETEなどの形式があります)。WebサイトはこのHTTP通信の仕組みによって実現されています。

近年ではWebブラウザの発達より、ブラウザ上で複雑なアプリケーションを動作させることが可能になりました。そうしたアプリケーションをWebアプリケーションと呼びます。Webアプリケーションはブラウザ上で動作するプログラム言語であるJavaScriptを用いることによってユーザーの操作に対してインタラクティブに反応することができます。たとえば、ブラウザ上でのGoogle MapやGmail、Salesforceやfreeeなどがそれにあたります。

こうしたWebアプリケーションはどのようにして実装されているのでしょうか。JavaScriptにはDOM(Document Object Model) APIがあり、HTML要素を動的に変更していくことができます。また、XMLHttpRequestオブジェクトによって、画面遷移を行わずにHTTP通信を行うことができます。ユーザーの入力に応じてサーバーから必要なデータを取得したり、画面の見た目を更新していくことによってインタラクティブなWebアプリケーションが実装されています。

JavaScriptによってHTML要素を変更していく操作(以降ではDOM操作と呼びます)は手続き的で、煩雑なコードになりがちでした。たとえば、ボタンを押すと`sample`の文字のサイズが大きくなる処理を実装するとします。次のようなコードになります。

```
<style>
    #sample {
        font-size: 16px;
    }
</style>

<script>
    function clickEvent() {
        var sampleElement = document.getElementById('sample'); // ❸
        sampleElement.setAttribute('style', 'font-size: 32px;'); // ❹
    } // ❷
</script>

<div>
    <button onclick="clickEvent()">click!</button> // ❶
    <div id="sample">sample</div>
</div>
```

ボタンを押したときの処理は❶の `button` 要素の `onclick` 属性に記述します。その内容は `script` タグか、そこで読み込む別のJavaScriptファイルで❷のように実装します。その処理では❸で対象のHTML要素のDOMを取得し、❹でその属性を書き換えることでフォントサイズの変更を実現しています。

別ファイルにJavaScriptを記述してHTMLで読み込む方法を取ると、処理の流れがわかりにくくなってしまいます。また特に❸、❹の処理は手続き的で情報が視覚的に構造化されたマークアップであるHTMLの利点が活かされていません。

ReactとNext.js

そこでより宣言的にDOM操作を行うために開発されたのが**React**です。ReactではJSXというJavaScriptの拡張構文を用いて宣言的にDOM操作が行えるようになっています。先ほどのコードをReactで書き直すと次のようになります。

```
const Sample = () => {
    const [fontSize, setFontSize] = useState(16); // ❶
    return (
        <div>
            <button
                onClick={() => {
                    setFontSize(32);
                }} // ❷
            >
                click!
            </button>
```

```
            {/* ❸ */}
            <div style={{ fontSize }}>sample</div>
        </div>
    );
};
```


❶で宣言されたフォントの大きさの情報を❸でDOMに直接、紐付けることができます。その情報の変更は❷の処理で関数を呼び出すだけで完了します。これらの処理が単一のJavaScriptファイル内で行われるので、情報の流れが非常に読み取りやすくなっています。JSXや`useState`などのReactの詳細については54ページで紹介します。

さらにReactでは画面要素を「コンポーネント」という単位に分割して再利用可能な形で扱うことができます。HTMLは基本的に単一のマークアップファイルで画面のすべての要素を記述するため、各要素の再利用性がないという問題がありました。Reactでは表示内容とそれに関わるロジックをコンポーネントという単位でまとめることができるため、可読性が高く再利用性の高いコードでアプリケーションを実装することができます。

一方、Reactでは画面表示されるHTMLを生成するすべての処理がJavaScriptで実行されます。そうすると、JavaScriptがすべて読み込まれてから、はじめて画面が描画されることになります。そのために最初に画面が表示されるまでに時間がかかったり、検索エンジンのクローラーがページのメタ情報を読み取ることができないという問題がありました。また、Reactはブラウザ描画されるアプリケーション部分を実装するためのものであり、アプリケーションに必要なデータを取得する先としてのAPIサーバーの実装も必要になる場合があります。

こうした点を解決するために生み出されたのがNext.jsです。Next.jsはサーバーサイドレンダリングという手法によって、Webサーバー上であらかじめJavaScript(React)からHTMLを生成することができます。ブラウザ側で初期表示のためのHTMLを生成する必要がなくなったことで描画が速くなり、検索エンジンのクローラーも読み取りやすくなります。他にもNext.jsはサーバー上で動作するためAPIサーバーとしての役割を持たせることもできます。つまりNext.js単体で多機能かつパフォーマンスにも優れたWebアプリケーションが実装できるわけです。

ReactとNext.jsの違いや、より詳細なNext.jsの諸機能については69ページで紹介します。

モダンJavaScript

本節ではReact/Next.jsでの開発に当たって必要な前提を整理していきます。

ECMAScriptと**TypeScript**といった言語仕様や、**Node.js**というJavaScriptランタイム、**トランスパイル**や**バンドル**といった概念について説明します。次にTypeScriptのコードを実行するためのNode.jsのプロジェクトをセットアップします。

次節ではそのプロジェクトでサンプルコードを実行しながらECMAScript/TypeScriptの文法を学んでいきます。

ECMAScript

JavaScriptはブラウザで動かすことを想定したスクリプト言語として開発されました。HTMLの `<script>` タグの中に書くことでブラウザがそれを読み取って動作させます。Webアプリケーションが発展するにつれて、そうしたブラウザ上で動作するJavaScriptの言語機能では不足する部分が出てきました。

そうした背景からJavaScriptの先進的な仕様を策定しようという動きが出てきました。これが**ECMAScript**です。ECMAScriptは毎年更新されていき、各バージョンは「ECMAScript 2015」や「ECMAScript 6(ES6)」(2つとも同じバージョンです)と呼ばれます。こうした仕様に従って各ブラウザがJavaScriptのランタイムをアップデートしていきます。ただし、各ブラウザがECMAScriptの仕様を実装するまでにはタイムラグがあります。また、ブラウザによって実装しているECMAScriptバージョンに差が出る場合もあります。

アプリケーションの開発を新しいECMAScriptの仕様で行いながら、そのコードをブラウザで動作させるために**トランスパイル**という手法を利用するのが一般的になっています。トランスパイラと呼ばれるライブラリを利用することで、JavaScriptコードをさまざまなバージョンのECMAScript仕様に従う形に変換=トランスパイルすることができます。このトランスパイラの利用によってブラウザの対応状況を気にせずに最新のECMAScriptの便利な機能を使ってアプリケーションを開発することができるようになります。

ECMAScriptにはモジュールに分割された別々のファイルに記述されたコードをインポートする機能があります。モジュール機能を利用して実装したアプリケーションをブラウザ上で動作させる際には1つのJavaScriptファイルにまとめておくのが一般的です。この機能を提供するのがバンドラと呼ばれるライブラリです。ECMAScriptによるアプリケーション開発は基本的にトランスパイラとバンドラの組み合わせで行われます。

Node.js

JavaScriptにはブラウザ以外の動作環境として**Node.js**というランタイムがあります。Reactを使ったアプリケーション開発やECMAScriptのトランスパイル、バンドルといった操作はNode.jsによって行います。Reactなどの各種ライブラリはNode.jsのパッケージマネージャである**npm**によってインストールすることができます。

Node.jsは下記のWebサイトからお手元のプラットフォームに対応したものをダウンロードしてインストールしてください。パッケージマネージャのnpmも付属しています。

- Download | Node.js
  URL https://nodejs.org/en/download

Reactはブラウザ上で直接、実行することもできるJavaScriptライブラリですが、Node.jsのライブラリとしてnpmによってインストールするのが一般的です。そうすることでECMAScriptの恩恵を受けられ、また、ライブラリのバージョン管理が簡単になります。本書では基本的にNode.jsの利用を前提としてReact/Next.jsの実装を進めていきます。

ReactやNext.jsのプロジェクトは専用のユーティリティを利用して作成しますが、まずはプレーンなNode.jsのプロジェクトを作成してみましょう。下記のコマンドで後述するTypeScriptのサンプルコードを実行するためのプロジェクトを作成します。

macOSであればターミナル、WindowsであればPowerShellを起動して下記のコマンドを実行してください(以降、「コマンドを実行する」という指示はすべてターミナル/PowerShell上で入力することを指します)。

```
$ mkdir ts-sample
$ cd ts-sample
$ npm init
```

各行のコマンドでそれぞれ `ts-sample` ディレクトリの作成、移動、Node.jsプロジェクトの作成を行っています。以降、`node` / `npm` / `npx` などのコマンドは作成した `ts-sample` ディレクトリ内で実行してください。

`npm` コマンドが実行できない場合はコマンドの実行ファイルに「パスが通っていない」状態である可能性があります。コマンドの検索対象となるディレクトリの中に `npm` の実行ファイルが含まれている必要があります。Windowsの場合は `C:¥Program Files¥nodejs` を環境変数の `Path` に追加してください。macOSの場合は `/usr/local/bin` を環境変数の `PATH` に追加してください。

`npm init` を実行した際に表示されるオプションはすべてデフォルトでOKです。次の内容の `package.json` が生成されます。

SAMPLE CODE package.json

```
{
    "name": "ts-sample",
    "version": "1.0.0",
    "description": "",
    "main": "index.js",
    "scripts": {
        "test": "echo \"Error: no test specified\" && exit 1"
    },
    "author": "",
    "license": "ISC"
}
```


TypeScript

新しいECMAScript仕様に追加してさらに静的型付け機能を追加したJavaScriptのスーパーセットがあります。それがMicrosoftが開発している**TypeScript**です。このTypeScriptもトランスパイルすることでブラウザで実行可能なJavaScriptに変換することを想定しています。

JavaScriptは動的型付け言語です。しかしながらWebアプリケーションが複雑になるにつれて、動的型付けを起因とする実行時エラーに悩まされることが多くなりました。たとえば、文字列を想定した引数に数値を入力してしまうなどの事態が容易に起こり得ます。TypeScriptでは引数にどの型を期待するのかを明示でき、間違った型の引数を入力しようとするとトランスパイル時にエラーとなるため型に関する実行時エラーを未然に防ぐことができます。

さらに型定義をエディターが読み取ることで、関数がどんな引数を受け取りどんな戻り値を返すのかなどが見て取りやすくなりました。また編集中の箇所にどんな値が入りうるのかが事前にわかることでエディターによる補完がしやすくなります。補完がうまく動作するほどに入力を高速化することができ、プログラミングが速く正確になります。

こうした背景から、Webアプリケーションの開発においてTypeScriptの利用はかなり一般的になってきました。ReactやNext.jsのテンプレートにもTypeScriptを利用したものが用意されており、簡単にTypeScriptを使って開発を始めることができるようになっています。筆者は現在Webアプリケーションの実装には必ずTypeScriptを利用しています。本書でもハンズオンにはTypeScriptを利用し、またサンプルコードにもTypeScriptを利用していきます。

先ほど作成した `ts-sample` プロジェクトで次のコマンドでTypeScriptをインストールしてください。

```
$ npm install typescript --save-dev
```

次のコマンドでTypeScriptのセットアップを行います。

```
$ npx tsc --init
```


`tsconfig.json` という設定ファイルが作成されます。TypeScriptはこの `tsconfig.json` の各項目を参照してトランスパイルの詳細を決定します。 `ts-sample` プロジェクトでは次の設定を利用します。

SAMPLE CODE tsconfig.json

```
{
    "compilerOptions": {
        "target": "ES2016",
        "lib": ["DOM", "ES2016"], // ❶
        "module": "CommonJS", // ❷
        "moduleResolution": "node", // ❸
        "esModuleInterop": true,
        "forceConsistentCasingInFileNames": true,
        "strict": true, // ❹
        "skipLibCheck": true
    }
}
```

各項目を説明する大量のコメントが付属していますが、上記では省略しています。いくつかの項目をデフォルトの内容から変更しています。

❶の `lib` 項目はどのような種類の標準ライブラリの型定義を含めるかを指定します。たとえば、`DOM` と指定すると、`window` や `document` などのDOMに関わる型定義や、`fetch()` などのブラウザ標準APIの型定義を含めることができます。逆に何も指定しないとそうした型定義が含まれないため、`window` などを使ったコードはビルド時にエラーになります。今回は `DOM` と `ES2016` を指定しています。 `ES2016` を指定するとPromiseなどのES2016以前で追加された機能の型定義を含めることができます。より新しいバージョンを指定することもできますが、今回は必要な機能はこのオプションで含めることができます。

❷の `module` 項目はトランスパイル後のモジュールの形式を指定します。`CommonJS` を指定するとNode.jsで直接実行できる形式のモジュールが出力されます。モジュールについて詳しくは後述します。

❸の `moduleResolution` 項目はモジュールの解決方法を指定します。 `node` を指定するとNode.jsのモジュール解決アルゴリズムを利用します（他の選択肢には `classic` がありますが、レガシーな機能で利用されることはありません）。

❹の strict はデフォルトの true のままですが、重要な項目なので解説しておきます。この項目を false に設定すると null や undefined が型として判定されなかったり、関数の引数の型チェックが一部省略されたりします。たとえば、配列の find() 関数の戻り値は undefined の場合がありますが、それが無視されます。戻り値が undefined の場合を考慮しないでそこから値を取り出す実装をしていると実行時エラーが発生する場合があります。TypeScriptによるエラーの抑制機能が損なわれてしまうので必ず true に設定してください。

設定が完了したところで、早速、TypeScriptでコードを記述してみましょう。例として次のような内容の index.ts ファイルを作成してください。

SAMPLE CODE index.ts

```
function hoge(arg: number): string {
    return String(arg);
}
console.log(hoge(1000));

export {};
```

このTypeScriptファイルにはJavaScriptにはない型定義の文法が含まれています。そのままJavaScriptとして実行することができないのでトランスパイルする必要があります。

package.json を次のように修正して build コマンドを追加しましょう。

SAMPLE CODE package.json

```
{
    "name": "ts-sample",
    "version": "1.0.0",
    "description": "",
    "main": "index.js",
    "scripts": {
        "build": "tsc"
    },
    "author": "",
    "license": "ISC",
    "devDependencies": {
        "typescript": "^5.0.4"
    }
}
```

次のコマンドで build コマンドを実行します。

```
$ npm run build
```

`index.ts` をTypeScriptがトランスパイルして、次のような内容の `index.js` が出力されます。

SAMPLE CODE index.js

```
'use strict';
Object.defineProperty(exports, '__esModule', { value: true });
function hoge(arg) {
    return String(arg);
}
console.log(hoge(1000));
```

このファイルはプレーンなJavaScriptであり、Node.jsランタイムで実行することができます。次のように `node` コマンドを使って実行してみましょう。

```
$ node index.js
```

コンソールに `1000` という文字列が出力されるはずです。

以上が基本的なTypeScriptの実行方法です。次節ではこのプロジェクトを使ってTypeScriptの基本的な文法について学んでいきます。

参考文献

本節の参考文献は次の通りです。

- JavaScript brief history and ECMAScript(ES6,ES7,ES8,ES9) features ¦ by Madasamy M | Medium

  URL https://madasamy.medium.com/javascript-brief-history-and-ecmascript-es6-es7-es8-features-673973394df4

- TypeScript: Documentation - TypeScript for the New Programmer

  URL https://www.typescriptlang.org/docs/handbook/typescript-from-scratch.html

- TypeScript: TSConfig Reference - Docs on every TSConfig option

  URL https://www.typescriptlang.org/tsconfig

TypeScriptの文法

本節ではTypeScriptの文法を学んでいきます。以降の章のサンプルコードやハンズオンのソースコードを理解し、Next.jsを利用したアプリケーションを実装する上で必要な知識になります。また文法の紹介の中にモジュールのバンドルや外部ライブラリのインストールの実行手順も含めてあるので、そうした操作も習得できるようになっています。

前置き

TypeScriptはECMAScriptの仕様に従ったJavaScriptのスーパーセットになっており、JavaScriptにない便利な構文を多く含んでいます（本節でTypeScriptの文法として紹介するものの中には、厳密にはECMAScriptの仕様に含まれるものがあります。つまりモダンブラウザではJavaScriptでも利用できる文法があります。本書では簡単のため両者を区別せずに記述します）。また、それに追加して静的型付けに関する構文が含まれます。

JavaScriptの文法をご存知の方はそれをアップデートする形で読んでください。そうでない方は新しいプログラミング言語を学ぶつもりで読んでください。いずれの場合でもTypeScriptを習得できるように書いていきます。TypeScriptの文法をすでにご存知の方にとってはほぼ既知の内容となるはずなので、本節は読み飛ばしていただいて構いません。

サンプルコードは前節で作成した `ts-sample` プロジェクトの `index.ts` に記述することでトランスパイル/実行することができます。コンパイラのメッセージや出力を見るとより理解が深まるはずです。

変数と式

まずは変数の宣言やプリミティブ型やオブジェクト、配列型などの変数について見ていきます。また、論理演算子を使った式についても紹介します。

▶宣言と型注釈

TypeScriptでは変数宣言に `let` と `const` の2種類を利用します。これは `var` での宣言に対して再代入が可能かどうかを明示するものとなっています。 `let` 宣言された変数は再代入可能です。逆に `const` 宣言された変数に再代入することはできません。特に再代入が必要な場合を除いて基本的に `const` 宣言することがベストプラクティスです。

```
let variable1 = 1;
// OK
variable1 = 2;
const variable2 = 1;
// NG
variable2 = 2;
```

変数を宣言する際に次のように**型注釈**を付けることができます。

```
const numberVariable: number = 1;
const stringVariable: string = 'string';
const booleanVariable: boolean = true;
const nullVariable: null = null;
const undefinedVariable: undefined = undefined;
```


ただし、上記のような型注釈は省略しても問題ありません。TypeScriptは変数の型が文脈上明らかな場合は注釈を付けなくても型を推論してくれます。

TypeScriptにはプリミティブ型とオブジェクトの2種類の値が存在しています。プリミティブ型は上記のように数値などの値を表しています。代表的なプリミティブ型には次のものがあります。

- number（数値型）
- string（文字列型）
- boolean（真偽値型）
- null
- undefined

`null` と `undefined` はいずれも値が存在しないことを表す型です。主な違いは後述のオブジェクトにおいて存在しないプロパティの値が `undefined` 、プロパティの値が存在しないことを表すのが `null` という点です。

```
// プロパティが存在しない場合はundefined
const object1: any = {};
console.log(object1.property1); // undefined
// プロパティが存在するが値が存在しない場合はnull
const object2 = {
    property1: null
};
console.log(object2.property1); // null
```

また、その他に `any` と `unknown` という、どのような型でもありうることを示す型があります。これらの型として宣言された変数にはどのような値でも代入することができます。 `any` 型の値の利用については、型に関するチェックでエラーになりません。一方で `unknown` 型の値は型に関するチェックでエラーになります。

```
let anyVariable: any = 1;
anyVariable = 'string';
anyVariable = true;
```

▼

```
// エラーにならない
let numberVariable: number = anyVariable;

let unknownVariable: unknown = 1;
unknownVariable = 'string';
unknownVariable = true;

// エラー
numberVariable = unknownVariable;
```


`any` 型は上記のように型のチェックをスルーしてしまうため、実行時エラーを防ぐというTypeScriptのメリットが損なわれてしまいます。実用上、他に方法がないとき以外は利用しないことを推奨します。

オブジェクトについては次で詳しく紹介します。

▶オブジェクト

JavaScriptでは**オブジェクト**と呼ばれる、`{}` で囲まれたいくつかのkey-valueペアのデータ構造がよく用いられます。オブジェクトに含まれるそれぞれの値を**プロパティ**と呼びます。このオブジェクトについても次のように型注釈を行うことができます。

```
const object1: {
    numberProperty: number;
    stringProperty: string;
} = {
    numberProperty: 1,
    stringProperty: 'string'
};
```

上記の場合は型を推論できるため特に型注釈は必要ありませんが、あるプロパティが存在しなくてもよい場合などは必要になります。

```
const object1: {
    numberProperty: number;
    stringProperty?: string;
} = {
    numberProperty: 1
};
```

型注釈に `?` を付けたプロパティは `undefined` を許容します。上記の例なら `stringProperty` の型は `string` または `undefined` であると宣言したことになります（オブジェクトの宣言されていないプロパティの値は `undefined` として扱われます）。

オブジェクトのプロパティには次のように `.` を使ってアクセスすることができます。

```
console.log(object1.numberProperty);
console.log(object1.stringProperty);
```

また、分割代入という記法を利用してそれぞれのプロパティを別々の変数に代入することができます。

```
const { numberProperty, stringProperty } = object1;
// numberProperty = 1
// stringProperty = 'string'
```

オブジェクトを宣言する際に、既存の変数を参照しており、かつ、その変数がプロパティ名と一致する場合は省略して宣言することができます。

```
const numberProperty = 1;
const stringProperty = 'string';

// 普通に宣言
const object1 = {
    numberProperty: numberProperty,
    stringProperty: stringProperty
};
// 省略して宣言
const object1 = { numberProperty, stringProperty };
```

JavaScriptでも同様ですが、`undefined` のプロパティにアクセスしようとするとエラーになります。オブジェクトが `undefined` かもしれない場合は、`?.` を使ってプロパティにアクセスすることで安全に値を取り出すことができます。

```
let objectMaybeUndefind: any = undefined;
// エラー
console.log(objectMaybeUndefind.property);
// undefinedに変換される
console.log(objectMaybeUndefind?.property);

objectMaybeUndefind = { property: 1 };
// 1
console.log(objectMaybeUndefind?.property);
```

オブジェクトが `undefined` だった場合、その時点で `undefined` として扱われ、オブジェクトが `undefined` でなかった場合にのみプロパティにアクセスします。この記法は**オプショナルチェーン**と呼ばれます。

プリミティブ型と違ってオブジェクトを代入した変数は常に**参照**として振る舞います。constで宣言していようとオブジェクトのプロパティを変更することができます。また、別の変数に代入しても実体としては同じオブジェクトであるため、代入先の変数を使ってプロパティの値を変更すると元の変数のオブジェクトの内容も変更されます。

```
const object1 = {
    numberProperty: 1,
    stringProperty: 'string'
};

object1.numberProperty = 2;

const object2 = object1;
object2.stringProperty = 'another string';

console.log(object1);
// -> { numberProperty: 2, stringProperty: 'another string' }
```

▶配列

次は**配列**です。配列はある型の値の連続した列を表します。配列の要素の順番は宣言した通りであることが保証されています(逆にオブジェクトのプロパティの順番は保証されません)。次のように型注釈を行うことができます。

```
const numberList: number[] = [0, 1, 2];
const stringList: string[] = ['string1', 'string2'];
```

オブジェクトと同様に分割代入を行うことができます。配列のそれぞれの要素が別々の変数に割り当てられます。

```
const numberList: number[] = [0, 1, 2];
const [number1, number2, number3] = numberList;
// number1 = 0
// number2 = 1
// number3 = 2
```

スプレッド構文という記法で配列の要素を展開することができます。たとえば、次のようにある配列の要素を別の配列に含めて新しい配列を作成したり、複数の配列を連結することができます。

```
const numberList: number[] = [0, 1, 2];
const extendedNumberList: number[] = [...numberList, 3, 4];

const numberList2: number[] = [3, 4, 5];
const concatedList = [...numberList, ...numberList2];
```

オブジェクトにもスプレッド構文があります。配列と同様にあるオブジェクトの要素を含んだ新しいオブジェクトを作成することができます。

```
const object1 = {
    numberProperty: 1,
    stringProperty: 'string'
};
const extendedObject = {
    ...object1,
    otherProperty: 'other value'
};
// -> { numberProperty: 1, stringProperty: 'string', otherProperty: 'other value' }
```

配列もオブジェクトと同様に**参照**として振舞います。`const` 宣言していても要素を変更することができます。また、別の変数に代入したとしても、同じ配列を参照しています。代入先の変数を使って内容を変更すると元の変数が参照する配列も変化します。

```
const list1 = [0, 1, 2];

list1[3] = 3;

const list2 = list1;
list2[4] = 4;

console.log(list1);
// -> [0, 1, 2, 3, 4]
```

JavaScript標準のAPIではありますが、ここで配列の `forEach()` と `map()` メソッドにも触れておきます。これらは配列の各要素についてコールバック関数として渡した処理を順番に行うものです。両者の違いは `map()` がコールバック関数の戻り値を集めた配列を返す関数であるという点です。Reactでは `map()` を使ってJSX要素の配列を作成することがよくあり、本書の後半のハンズオンでもたびたび登場します。

```
const stringList: string[] = ['hoge', 'huga'];
stringList.forEach(function (str, index) {
    console.log(`${index}: ${str}`);
}); // ❶
// -> 0: hoge
// -> 1: huga

const newList = stringList.map(function (str, index) {
    return str.replace('g', 'ggg');
```

```
});
console.log(newList); // ❷
// -> ['hoggge', 'huggga']
```


`forEach()` と `map()` はいずれも引数にその配列の要素と処理している要素のインデックスの2つの引数を取るコールバック関数を取ります。日本語で書くと非常にわかりにくいですが、上記のコードを実行していただくとわかりやすくなります。コールバック関数の引数の `str` に `stringList` のそれぞれの要素が入ります。そして `index` にその要素が元の配列の何番目の要素かを示す値が入ります(❶)。`map()` はコールバック関数の戻り値で構成された新しい配列を返します(`newList`)。`newList` が `stringList` のそれぞれの要素に対して `replace()` を実行した値の配列になっていることが❷で確認できます。

▶テンプレートリテラル

ECMAScriptの式の一種として**テンプレートリテラル**があります。テンプレートリテラルはバッククオートで囲まれた文字列で、その中に `${}` を使って式を埋め込むことができます。

```
const nameString = 'hoge';
const age = 20;
const message = `My name is ${nameString}. I'm ${age} years old.`;
console.log(message);
```

テンプレートリテラルの中では自由に改行することができます。

```
const message = `
    My name is ${nameString}.
    I'm ${age} years old.
`;
console.log(message);
// ->   My name is hoge.
// ->   I'm 20 years old.
```

Reactでの開発ではテンプレートリテラルを使って変数を埋め込んだ文字列を構成して、画面上に表示する場合があります。また、本書では後述するTalwind CSSのクラス名が長くなった場合にテンプレートリテラルを使って改行することで可読性を高めるという使い方もしています。

▶等価演算子

JavaScriptには等価(`==`)と厳密等価(`===`)の2つの等価演算子があります。いずれも2つの値が同じであるかどうかを判定するものです。等価は左右の値の型が異なる場合には型の変換を行ってから比較する仕様になっています。挙動が直観的でないため、本書では常に厳密等価を使います。

```
console.log('hoge' === 'hoge'); // true
console.log('hoge' === 'fuga'); // false

console.log(1 === 1); // true
console.log(1 === 2); // false

console.log(true === true); // true
console.log(true === false); // true

console.log(null === null); // true
console.log(null === undefined); // false
```

プリミティブ型以外、たとえばオブジェクトについてはその中身まで比較するわけではなくオブジェクトへの参照が同じかどうかを比較します。

```
const object1 = {
    property1: 1
};
const object2 = {
    property1: 1
};
console.log(object1 === object2); // false ❶

const object3 = object1;
console.log(object1 === object3); // true  ❷
```

中身が同じでも別に宣言されたオブジェクトであれば別のものと判定されます(❶)。一方でオブジェクトを再代入した変数と比較すると、同じオブジェクトを参照しているため等価と判定されます(❷)。

▶論理演算子を使った便利な式

JavaScript標準で実装されているいくつかの論理演算子を使った便利な式についても触れておきます。ReactではJSX内で式のみが利用できる関係でこうした論理演算子が `if` 文の代わりによく利用されます。

まず論理演算子の `&&` (AND)や `||` (OR)を応用した**短絡評価**です。

```
const value = 1;

console.log(true && value); // 1
console.log(false && value); // false
console.log(true || value); // true
console.log(false || value); // 1
```

上記のように `&&` を使った式は左項が `true` のときは右項の値になります。逆に `false` の場合は右項の値にかかわらず `false` になります。この場合、右項の値は計算されません。関数呼び出しなどの場合はそれ自体が行われません。このため、こうした論理式の評価は「短絡評価」と呼ばれます。

`||` の場合は `&&` の場合とは逆に左項が `true` のときに右項は評価されません。左項が `false` の場合にのみ右項が評価され、式全体として右項の値になります。

この短絡評価は左項がboolean型以外でも行うことができます。というのも、JavaScriptにはboolean型でなくてもtruthyな値とfalsyな値が存在するからです。falsyな値とは、こうした論理演算子で評価した際に `false` と見なされる値のことです。代表的なものに `null` 、`undefined` 、`0` があります。こうした値を使って短絡評価を行うと次のようになります。

```
const value = 1;

console.log(null && value); // null
console.log(null || value); // 1

console.log(undefined && value); // undefined
console.log(undefined || value); // 1

console.log(0 && value); // 0
console.log(0 || value); // 1
```

逆にfalsyでない値はすべてtruthyです。 `0` 以外の数値や文字列を使って短絡評価を行うと次のようになります。

```
const value = 1;

console.log(100 && value); // 1
console.log(1000 || value); // 1000

console.log('hoge' && value); // 1
console.log('hoge' || value); // hoge
```

短絡評価で利用する `&&` や `||` と似た論理演算子に**Null合体演算子**（`??`）があります。次のように `??` を使った式は左項が `null` または `undefined` の場合に右項の値になります。それ以外の場合は左項の値になります。


```
console.log(null ?? 'default'); // default
console.log(undefined ?? 'default'); // default
console.log(true ?? 'default'); // true
console.log(false ?? 'default'); // false
console.log(1 ?? 'default'); // 1
console.log(0 ?? 'default'); // 0
```

`||` を使った短絡評価でも `null` や `undefined` はfalsyと見做されるため、似た振る舞いになります。`??` はより厳密に `null` や `undefined` のときのみ右項の値になるという点が異なります。他のfalsyな値はそのまま使いたい場合に `||` ではなく `??` を利用します。

次に**三項演算子**です。三項演算子とは条件式と2つの値を `条件 ? 値1 : 値2` の形式で書いた式です。条件式が真なら前者の値として、偽なら後者の値として評価されます。

```
const condition1 = true;
console.log(condition1 ? 1 : 2); // 1

const condition2 = false;
console.log(condition2 ? 1 : 2); // 2
```

三項演算子も同様にtruthy/falsyな値を条件にすることができます。

```
console.log(null ? 1 : 2); // 2
console.log('hoge' ? 1 : 2); // 1
```

以上がTypeScriptでの変数と式の概要です。

Ⅲ 構文

次にTypeScriptの構文について解説していきます。ここでは制御構文と関数を扱います。

▶制御構文

制御構文については特によく利用する `if`、`switch`、`for-of` と `try/catch` について紹介します。

まず**if文**です。`if/else` 文では条件式が `true` と評価される場合には `if` ブロックが、`false` と評価される場合にはelseブロックが実行されます。`else if` で追加の分岐を作ることもできます。

```
const input: string = 'huga';

if (input === 'hoge') {
    console.log('hoge');
} else {
    console.log('else');
}
// -> else


if (input === 'hoge') {
    console.log('hoge');
} else if (input === 'huga') {
    console.log('huga');
} else {
    console.log('else');
}
// -> huga
```

`if` 文の条件式では先ほど説明したtruthy/falsyな値も評価することができます。

```
if (input) {
    console.log('true');
} else {
    console.log('false');
}
// -> true

if (null) {
    console.log('true');
} else {
    console.log('false');
}
// -> false
```

switch文は `if` / `else if` / `else` による複数の条件分岐をより簡潔に記述することができる構文です。 `break` を書かないとその次の節の処理も行われてしまうので書き忘れないように注意してください。

```
const condition: string = 'huga';
switch (condition) {
    case 'hoge':
        console.log('hoge found');
```

```
        break;
    case 'huga':
        console.log('huga found');
        break;
    default:
        console.log('not found');
}
```

次に**for-of文**です。通常の `for` 文で配列の各要素にアクセスしようとすると次のようにイテレータを変数宣言し、インクリメント演算子（`++`）によってループのカウントを進めていく必要があります。

```
const list = ['hoge', 'huga'];
for (let i = 0; i < list.length; i++) {
    console.log(list[i]);
}
// -> hoge
// -> huga
```

`for-of` 文では次のように配列の各要素を直接取り出して処理することができます。イテレータ変数が必要なくシンプルな記述になります。

```
const list = ['hoge', 'huga'];
for (const item of list) {
    console.log(item);
}
```

最後に**try/catch文**です。通常はエラーが発生した場合はプロセス自体が終了します。`try/catch` はエラーを捕捉して例外発生時の処理を記述するための構文です。

```
try {
    throw new Error('sample error'); // ❶
    console.log('success'); // ❷
} catch (error) {
    console.error(error); // ❸
} finally {
    console.log('finish process'); // ❹
}
```

❶で `throw` 文を使って例外を発生させています。その時点で処理は `catch` 節にジャンプするため、❷は実行されません。 `catch` 節では `throw` された例外に対して処理を行うことができます。❸で補足した例外の内容をコンソールに出力しています。`finally` は `try` と `catch` のいずれかの処理が完了した後で実行されるブロックです。例外を捕捉した場合でも❹は実行されます。

▶関数

次に**関数**の書き方です。TypeScriptでは関数の引数や戻り値に型注釈を付けることができます。

```
function normalFunction(arg1: number, arg2: string): boolean {
    if (arg1 === 1) {
        return true;
    } else if (arg2 === 'string1') {
        return true;
    }
    return false;
}

// エラー！
normalFunction(1, 2);
// 正しい型の引数での呼び出し
normalFunction(1, 'string1');
```

引数の型が誤っている場合にコンパイラがエラーを出してくれます。また、関数から正しい型の戻り値が返されていない場合もエラーになります。

```
// エラー！
// string型の戻り値が期待されているが、boolean型が返されている
function typeErrorFunction(arg: string): string {
    return false;
}
```

TypeScriptにはさらに関数の宣言を簡単に書くことのできる**アロー関数**という構文があります。 `=>` 記号を使って次のように宣言します。

```
const arrowFunction = (arg1: number, arg2: string): boolean => {
    if (arg1 === 1) {
        return true;
    } else if (arg2 === 'string1') {
        return true;
    }
    return false;
};
```

アロー関数では `return` を省略して直接、式を返すことができます。返す式が複数行に渡る場合は `()` で囲むこともできます。

```
const arrowFunction = (arg1: number, arg2: string): boolean =>
    arg1 === 1 || arg2 === 'string1';

console.log(arrowFunction(1, 'string1'));
// -> true
```


値を返さない関数の戻り値には `void` 型を利用します。 `void` 型は戻り値がないことを示すときにのみ用いられる特殊な型です。

```
const voidFunction = (list: number[]): void => {
    list.push(0);
};
```

オプションの引数を宣言することができます。オプションの引数は引数名の後ろに `?` を付けて宣言します。

```
const optionalArgFunc = (arg1?: number): number => {
    if (arg1) {
        return arg1 + 10;
    }
    return 10;
};

// 引数を渡さなくてもよい
optionalArgFunc();
optionalArgFunc(undefined);
optionalArgFunc(10);
```

また、オプションの引数にデフォルトの値を指定することができます。デフォルトの値を指定した引数については、値を渡さなくても(= `undefined` を渡しても)エラーになりません。

```
const optionalArgWithDefaultFunc = (
    arg1: number = 10
): number => {
    return arg1 + 10;
};

optionalArgWithDefaultFunc();
optionalArgWithDefaultFunc(undefined);
optionalArgWithDefaultFunc(10);
```

関数の引数がオブジェクトである場合は、次のように型定義を行うことができます。

```
const objectArgFunc = (arg: {
    stringValue: string;
}): boolean => {
    if (arg.stringValue === 'string1') {
        return true;
    }
    return false;
};
```

関数の引数のオブジェクトを分割代入することができます。次のように書くことでオブジェクトのプロパティ `stringValue` を直接、参照して簡潔に記述することができます。

```
const objectArgFunc = ({
    stringValue
}: {
    stringValue: string;
}): boolean => {
    if (stringValue === 'string1') {
        return true;
    }
    return false;
};
```

▍型

ここからはTypeScriptでの型の扱いについて詳しく解説していきます。型の宣言や組み合わせ、変数の型の判別やジェネリクスについて紹介します。

▶型の定義

TypeScriptでは `type` キーワードによってユーザー独自の型を宣言することができます。

```
type NewType = number;
type SpecificStringLiteral = 'string';
```

プリミティブ型のエイリアス以外にオブジェクトの型定義を行うことができます。こちらのほうが頻繁に利用します。

```
type NewObjectType = {
    numberValue: number;
    stringValue: string;
};
```

関数の型を定義することもできます。関数型は次のようにアロー関数と似た形式で記述します。

```
type FunctionType = (arg: number) => boolean;
```

関数型を使った型注釈は次のようになります。関数自体の型を定義しているので引数や戻り値の型定義を省略することができます。

```
const functionTypeFunc: FunctionType = (arg) => {
    if (arg === 1) {
        return true;
    }
    return false;
};
```

`|` 記号を使って**ユニオン型（合併型）**を定義することができます。ユニオン型とは、挙げられたいずれかの型であるような型のことです。

```
// UnionTypeはnumber型かstring型のいずれか
type UnionType = number | string;

type NewObjectType1 = {
    numberValue1: number;
    stringValue1: string;
};

type NewObjectType2 = {
    numberValue2: number;
    stringValue2: string;
};
// UnionObjectTypeはNewObjectType1型かNewObjectType2型のいずれか
type UnionObjectType = NewObjectType1 | NewObjectType2;
const obj1: UnionObjectType = {
    numberValue1: 1,
    stringValue1: '1'
};
const obj2: UnionObjectType = {
    numberValue2: 2,
    stringValue2: '2'
};
// 以下はエラーになる
const obj3: UnionObjectType = {
    numberValue1: 1,
```

```
    stringValue2: '2'
};
```

&記号を使って**インターセクション型(交差型)**を定義することができます。インターセクション型とは、挙げられたいずれの型でもあるような型のことです。プリミティブ型で定義しても意味がないのでオブジェクト型を拡張する際などに利用されます。

```
type NewObjectType1 = {
    numberValue1: number;
    stringValue1: string;
};

type NewObjectType2 = {
    numberValue2: number;
    stringValue2: string;
};

type IntersectionObjectType = NewObjectType1 & NewObjectType2;

// いずれかのプロパティを定義しなければエラーになる
const obj: IntersectionObjectType = {
    numberValue1: 1,
    stringValue1: '',
    numberValue2: 2,
    stringValue2: '2'
};
```

▶型の判別

関数の引数でユニオン型を指定した場合に、含まれるいずれの型なのかに応じて処理を分岐させたい場合があります。プリミティブ型を判別する場合は `typeof` 演算子を使うことができます。

```
const stringOrNumberFunction = (arg: string | number) => {
    if (typeof arg === 'string') {
        return arg.length;
    } else if (typeof arg === 'number') {
        return arg;
    }
};

// 型の選択肢は2つしかないため、実際にはif/elseで記述できる
const stringOrNumberFunction = (arg: string | number) => {
    if (typeof arg === 'string') {
```

```
        return arg.length;
    } else {
        return arg;
    }
};
```


`typeof変数` は各種プリミティブ型やオブジェクト型を示す文字列として評価されます。オブジェクト型は常に `object` と評価されるので、どのオブジェクト型なのかを判別することはできません。

オブジェクト型の判別には `in` が利用できます。`'プロパティ名' in object` によって、ユニオン型をそのプロパティを持っているオブジェクト型に絞り込むことができます。

```
type NewObjectType1 = {
    numberValue1: number;
    stringValue1: string;
};

type NewObjectType2 = {
    numberValue2: number;
    stringValue2: string;
};

const objectUnionFunction = (
    arg: NewObjectType1 | NewObjectType2
) => {
    // numberValue1プロパティはNewObjectType1にしか存在しないため、
    // argはNewObjectType1と判断される
    if ('numberValue1' in arg) {
        // NewObjectType1と判断されているため、stringValue1を取り出しても
        // エラーにならない
        return arg.stringValue1;
        // numberValue2プロパティはNewObjectType2にしか存在しないため、
        // argはNewObjectType2と判断される
    } else if ('numberValue2' in arg) {
        // NewObjectType2と判断されているため、stringValue2を取り出しても
        // エラーにならない
        return arg.stringValue2;
    }
};

// 型の選択肢は2つしかないため、実際にはif/elseで記述できる
const objectUnionFunction = (
```

```
    arg: NewObjectType1 | NewObjectType2
) => {
    if ('numberValue1' in arg) {
        return arg.stringValue1;
    } else {
        return arg.stringValue2;
    }
};
```


他にもオブジェクト型のプロパティの値が定数である場合、その値の比較によって型を絞り込むことができます。

```
type NewObjectType1 = {
    flg: true;
    numberValue1: number;
    stringValue1: string;
};

type NewObjectType2 = {
    flg: false;
    numberValue2: number;
    stringValue2: string;
};

const objectUnionFunction = (
    arg: NewObjectType1 | NewObjectType2
) => {
    // flgプロパティの値がtrueならNewObjectType1と判定される
    if (arg.flg) {
        return arg.numberValue1;
        // flgプロパティの値がfalseならNewObjectType2と判定される
    } else if (!arg.flg) {
        return arg.numberValue2;
    }
};

// 型の選択肢は2つしかないため、実際にはif/elseで記述できる
const objectUnionFunction = (
    arg: NewObjectType1 | NewObjectType2
) => {
    if (arg.flg) {
        return arg.numberValue1;
    } else {
```

```
        return arg.numberValue2;
    }
};
```


TypeScriptではクラスもこうした型の一種として扱われます。クラスとはプロパティとメソッド(関数)を持つオブジェクトの型です。クラスのメソッドでは `this` キーワードを使ってそのクラスのプロパティにアクセスすることができます。また、`constructor` というクラスのインスタンを初期化する特殊なメソッドを持ちます。

```
class NewClass {
    property: string;
    constructor() {
        this.property = 'property';
    }
    method() {
        return this.property;
    }
}
```

クラスを利用する際は `new` 演算子を使ってインスタンスを生成します。この際に `constructor` が呼び出されます。

```
const instance = new NewClass();
instance.property; // -> 'property'
instance.method(); // -> 'property'
```

クラスのユニオン型を絞り込む際は `instanceof` を利用することができます。 `instanceof` は変数がそのクラスのインスタンスかどうかを判定します。

```
class NewClass1 {
    property1: string;
    constructor() {
        this.property1 = 'property1';
    }
}

class NewClass2 {
    property2: string;
    constructor() {
        this.property2 = 'property2';
    }
}
```

```
const classUnionFunction = (arg: NewClass1 | NewClass2) => {
    if (arg instanceof NewClass1) {
        return arg.property1;
    } else if (arg instanceof NewClass2) {
        return arg.property2;
    }
};
```


ユースケースとしては try/catch 文で捕捉した変数の型の絞り込みに利用する場面があります。最近のバージョンのTypeScriptでは捕捉されたエラーは unknown 型として扱われます。JavaScriptは基本的にどんなものでも throw することができるためです。この変数から Error クラスのプロパティを取り出したい場合は、まず、Error クラスのインスタンスに型を絞り込まなければなりません。

```
try {
} catch (error) {
    if (error instanceof Error) {
        console.error(error.message);
    }
}
```

▶ジェネリクス

次に型引数と**ジェネリクス**について解説します。ジェネリクスとは**型引数**という特殊な引数によって関数などの型定義を動的に変更する構文のことです。たとえば、任意の型の引数を取り、その型の値を返す関数は次のように記述できます。

```
const genericFunction = <T>(arg: T): T => {
    return arg;
};
```

<T> と記述された T 型を引数や戻り値の型注釈に利用することができます。こうした T のことを型引数と呼びます。

上記のように宣言したジェネリック関数は次のように呼び出すことができます。<string> のように型引数を渡すことで型引数 T の値(型)が決定します。型引数の名前は T である必要はなく、任意の名前を付けることができます。通例として、T 、U 、V などのアルファベット大文字が利用されます。

```
genericFunction<string>('stringArg');

// この場合は以下の関数と同等
const genericFunction = (arg: string): string => {
    return arg;
```

```
};

genericFunction<number>(1);

// この場合は以下の関数と同等
const genericFunction = (arg: number): number => {
    return arg;
};
```


TypeScriptでは引数の型から型引数が型推論されるので、この場合は型引数を省略しても構いません。

```
// 引数がstring型なのでTはstringだと推論される
genericFunction('stringArg');

// 引数がnumber型なのでTはnumberだと推論される
genericFunction<number>(1);
```

型もジェネリックに定義することができます。

```
type GenericType<T> = {
    value: T;
};
```

型引数を持つ型は次のようにして利用することができます。

```
const genericTypeValue: GenericType<string> = {
    value: 'string'
};
```

ジェネリックな型の実例としてはReactコンポーネントの型定義の `FunctionComponent<T>` があります。詳しくは54ページで解説します。

▶ユーティリティ型

TypeScriptにはジェネリクスを使って型をより便利にカスタマイズするためのユーティリティ型が用意されています。ここではいくつかのよく利用する型を紹介します。

まずはオブジェクト型に関するユーティリティ型です。`Partial<T>` は `T` のすべてのプロパティが `undefined` になり得るような型を作成します。反対に `Required<T>` は `T` のすべてのプロパティが `undefined` になり得ないような型を作成します。

```
type NewObjectType = {
    numberValue1: number;
    stringValue1: string;
};
```

```
type PartialNewObjectType = Partial<NewObjectType>;
// ->
// {
//   numberValue1?: number | undefined;
//   stringValue1?: string | undefined;
// }
type RequiredNewObjectType = Required<PartialNewObjectType>;
// ->
// {
//   numberValue1: number;
//   stringValue1: string;
// }
```

Pick<T, K> はTのプロパティのうち、Kに指定した名前のプロパティのみを持つ型を作成します。Omit<T, K> はTのプロパティのうち、Kに指定した名前のプロパティを除いた型を作成します。

```
type PickedNewObjectType = Pick<NewObjectType, 'numberValue1'>;
// ->
// {
//   numberValue1: number;
// }
type OmittedNewObjectType = Omit<NewObjectType, 'numberValue1'>;
// ->
// {
//   stringValue1: string;
// }
```

次にユニオン型に関するユーティリティ型です。Exclude<T, U> はTのユニオン型からUに指定したユニオン型に含まれる型を除いた型を作成します。また、Extract<T, U> はTのユニオン型からUに指定したユニオン型に含まれる型のみを持つ型を作成します。

```
type UnionType = 'a' | 'b' | 'c';
type ExcludedUnionType = Exclude<UnionType, 'a' | 'b'>;
// -> 'c'
type ExtractedUnionType = Extract<UnionType, 'a' | 'b'>;
// -> 'a' | 'b'
```

▶keyof

`keyof` を使うとオブジェクト型のキーに登場する文字列のユニオン型を作成することができます。

```
type ObjectType = {
    key1: 'value1';
    key2: 'value2';
    3: 'value3';
};

// 'key1' | 'key2' | 3
type ObjectKeyType = keyof ObjectType;
```

オブジェクト型のプロパティを取り出すために、そのキーを引数で受け取る関数を定義したりすることができます。

```
const objectKeyFunction = (
    object: ObjectType,
    key: keyof ObjectType
) => {
    return object[key];
};
objectKeyFunction(
    {
        key1: 'value1',
        key2: 'value2',
        3: 'value3'
    },
    'key1'
);
```

オブジェクト型だけでなく、オブジェクトからキーのユニオン型を取り出すこともできます。その際は `typeof` と組み合わせて次のように記述します。

```
const object = {
    key3: 'value3',
    key4: 'value4'
};

// 'key3' | 'key4'
type ObjectKeyType2 = keyof typeof object;
```

オブジェクトの型定義では、プロパティのキーを特定の文字列ではなく任意の文字列や数値に定義することができます。

```
type ArbitraryStringKeyType = {
    [k: string]: string;
};
const arbitraryStringKeyObject: ArbitraryStringKeyType = {
    anyString: 'value'
};

type ArbitraryNumberKeyType = {
    [k: number]: number;
};
const arbitraryNumberKeyObject: ArbitraryNumberKeyType = {
    1: 10
};
```

このキーの型を、`in`を使ってユニオン型で指定することができます。

```
type UnionKeyType = 'a' | 'b';
type UnionKeyObjectType = {
    [k in UnionKeyType]: string;
};
const unionKeyObject: UnionKeyObjectType = {
    a: 'valueA',
    b: 'valueB'
};
```

上記と`keyof`を組み合わせて、次のようにあるオブジェクト型の任意のキーをキーとすることができる新しいオブジェクト型を定義することができます。

```
type ObjectType = {
    key1: 'value1';
    key2: 'value2';
    3: 'value3';
};

type ObjectTypeKeyType = {
    [k in keyof ObjectType]: number;
};
const object: ObjectTypeKeyType = {
    key1: 1,
    key2: 2,
    3: 3
};
```

もちろん keyof typeof と組み合わせてオブジェクトから直接型定義を作ることもできます。

```
const object = {
    key1: 'value1',
    key2: 'value2',
    3: 'value3'
};
type ObjectTypeKeyType = {
    [k in keyof typeof object]: number;
};
```


モジュール

先述した通り、ECMAScript／TypeScriptにはコードをモジュール化してファイルを分割する仕組みがあります。モジュール化されたファイル群はモジュールバンドラによって単一のJavaScriptファイルにまとめられることで実行可能になります。ここではこのモジュールの書き方を解説していきます。

モジュールから変数や関数をエクスポートすることで他のモジュールから参照することができるようになります。新しいモジュールとして anotherModule.ts を作成し、次のように変数と関数をエクスポートしてみましょう。変数宣言の前に export を記述することでエクスポートされます。

SAMPLE CODE anotherModule.ts

```
export const exportedValue = 1;
export const exportedFunction = (input: number) => {
    return input * 2;
};
```

変数宣言した後でエクスポートすることもできます。

```
const exportedValue = 1;
const exportedFunction = (input: number) => {
    return input * 2;
};

export { exportedValue, exportedFunction };
```

こうしてエクスポートされた変数は、別のモジュールから次のように参照することができます。 index.ts で次のようにインポートしてみましょう(この場合、ファイルの拡張子は不要です)。

SAMPLE CODE index.ts

```
import {
    exportedFunction,
    exportedValue
} from './anotherModule';

console.log(exportedValue);
console.log(exportedFunction(128));
```


`from` 以降の文字列はインポートするモジュールから見たときのエクスポートしているモジュールの相対パスです。 `.` が同じディレクトリを表します。1つ上の階層にさかのぼる際は `..` と表記します。

上記のようなモジュールの文法は**ES Modules**と呼ばれます。ECMAScriptの標準仕様として実装されたモジュールシステムです。

TypeScriptの設定の項目で言及したCommonJSはNode.jsの仕様として実装されたモジュールシステムのことです(Node.jsで実行する際はES ModulesからCommonJSに変換する必要があります。以降で用いるモジュールバンドラによってCommonJSに変換されるのでNode.jsで実行できるようになります)。

さて、このように分割されたモジュール群からなるアプリケーションを実行する際にはバンドルという操作を行うのが一般的です。バンドルによって複数のモジュールを1つのファイルにまとめることができます。

今回はRollupというモジュールバンドラを使ってみましょう。まずは次のコマンドで `rollup` パッケージをインストールします。

```
$ npm install rollup
```

次に今回の設定でRollupを利用する際に必要なプラグイン類をインストールします。

```
$ npm install @rollup/plugin-commonjs @rollup/plugin-node-resolve \
    @rollup/plugin-typescript tslib
```

Rollupの設定ファイルとなる `rollup.config.js` を作成して次のように記述します。

SAMPLE CODE rollup.config.js

```
import commonjs from '@rollup/plugin-commonjs';
import resolve from '@rollup/plugin-node-resolve';
import typescript from '@rollup/plugin-typescript';

export default {
    input: 'index.ts',
    output: {
        dir: 'dist',
```

```
        format: 'cjs'
    },
    plugins: [
        typescript({
            module: 'ESNext'
        }),
        resolve(),
        commonjs()
    ]
};
```

`npm run bundle`コマンドでRollupを使ってモジュールをバンドルできるように`package.json`の`scripts`を次のように変更します。

SAMPLE CODE package.json

```
{
    // 省略
    "scripts": {
        "build": "tsc",
        "bundle": "rollup --config --bundleConfigAsCjs"
    }
    // 省略
}
```

`npm run bundle`コマンドを実行すると、`dist/index.js`というファイルが生成されます。内容は次のように2つのモジュールを合体させたものになっています。

```
'use strict';

const exportedValue = 1;
const exportedFunction = (input) => {
    return input * 2;
};

console.log(exportedValue);
console.log(exportedFunction(128));
```

`node dist/index.js`でこれまでと同様に実行することができます。

通常のエクスポートに加えてデフォルトエクスポートという機能があります。`export default`を記述し、変数名を宣言する必要はありません。その代わり1つのモジュールからデフォルトエクスポートできる変数は1つまでです。

```
export default (input: number) => {
    return input * 2;
};
```

通常のエクスポートと同様に変数宣言後に `export default` することもできます。

```
const exportedFunction = (input: number) => {
    return input * 2;
};

export default exportedFunction;
```

デフォルトエクスポートされた変数は次のように参照します。

```
import exportedFunction from './anotherModule';

console.log(exportedFunction(128));
```

インポートする側で自由に命名できるので柔軟に利用できます。ただし、プロジェクト内で同じ変数が複数の呼ばれ方をする可能性があるので命名には注意が必要になります。

また、デフォルトエクスポートと区別して通常のエクスポートのことを**名前付きエクスポート**と呼ぶこともあります。

Node.jsとnpmを利用すると、外部モジュールをインポートすることもできるようになります。たとえば、プロジェクトにブラウザのfetch API互換の `node-fetch` モジュールをインストールしてインポートしてみましょう。

```
$ npm install node-fetch
```

`index.ts` で次のようにしてインポートします。

SAMPLE CODE index.ts

```
import fetch from 'node-fetch';
```

インストールした外部モジュールは `node_module` ディレクトリ内に配置されます。Node.jsプロジェクト内の `node_module` ディレクトリにはパスが通っていると見なされるため、パッケージ名単体を指定すればインポートできます。つまり `../node_modules/node-fetch` ではなく `node-fetch` という記述でインポート先モジュールを指定できるということです。

こうした外部モジュールもRollupによってバンドルされます。`node-fetch` をインポートする記述をした上でバンドルを実行し、`dist/index.js` を見てみると `node-fetch` モジュールの内容も含まれていることがわかります。このため、後述のサンプルコードでの `fetch()` を利用した処理も `dist/index.js` を実行することで動作するようになります。

非同期処理

最後に**非同期処理**について解説します。非同期処理とは、たとえば外部APIを呼び出した際にそのレスポンスを待たずに次の処理を進めてしまい、レスポンスが到達次第その内容を使った処理を行っていくような実装方法を指します。

`fetch()`を使ってサンプルのAPIを呼び出してみましょう。`fetch()`は引数に与えたURLに対してHTTPリクエストを行い、そのレスポンス内容を返す関数です（`fetch`はブラウザ標準のAPIでNode.jsには備わっていませんが、先ほど`node-fetch`をインストールしたのでインポートすると利用できるようになります。`import fetch from 'node-fetch';`を記述しないと`fetch is not defined`という内容エラーが発生するので注意してください）。

```
import fetch from 'node-fetch';

fetch('https://api.publicapis.org/entries');
```

この`fetch()`はHTTP通信の完了を待たずに`Promise`というオブジェクトを返します。処理自体は完了するため以降の処理がすぐに実行されていきます。

この`Promise`は非同期処理の結果をラップしており、`pending`、`fulfilled`、`rejected`という3つの状態があります。返却された段階での`Promise`は`pending`の状態にあります。処理が完了して`fulfilled`の状態になることで、今回の例ではAPIからのレスポンスを取り出すことができるようになります。

そのためのメソッドが`Promise.then()`です。`Promise.then()`は引数にコールバック関数を取り、`Promise`が`fulfilled`の状態になるとこのコールバック関数が呼び出され、結果がその引数に入ります。

```
fetch('https://api.publicapis.org/entries').then((response) => {
    console.log(response); // ❶
});
console.log('next process'); // ❷
```

上記の処理では❷の処理が先に実行されます。❶の処理はHTTPリクエストが完了してから実行されます。そのため、`next process`という文字列が先に出力されます。このように処理が書かれた順番に進まないのが非同期処理です。

`fetch()`の戻り値である`Promise`は`Response`オブジェクトをラップしています。この`Response`からレスポンスのボディをJSON形式で取り出すには`Response.json()`を利用します。この`Response.json()`も`Promise`を返す非同期処理になっています。結果を取り出すためにはもう一度`Promise.then()`を使って非同期処理の完了を待つ必要があります。

```
fetch('https://api.publicapis.org/entries')
    .then((response) => {
        return response.json();
    })
    .then((json) => {
        console.log(json);
    });
```

Promise が rejected の状態になった場合は Promise.catch() でその場合の処理を書くことができます。こちらも then() と同様にコールバック関数を引数に取ります。

次の例のようにURLを間違えると fetch() の戻り値の Promise は rejected になり、エラーの詳細が catch() のコールバック関数の引数に入ります。

```
fetch('https://api.publicapis.orgggg/entries').catch(
    (error) => {
        console.log(error);
    }
);
```

then() が Promise を返すことから、その戻り値に対して catch() を行うことができます。

```
fetch('https://api.publicapis.org/entries')
    .then((response) => {
        return response.json();
    })
    .then((json) => {
        console.log(json);
    })
    .catch((error) => {
        console.log(error);
    });
```

このように処理を書くと、どの段階で失敗したとしても最後の catch() でエラーが起こった際の処理を行うことができて便利です。Chained Promisesと呼ばれる手法です。

さて、この Promise は便利ですが上記のようにやや扱いが特殊です。 Promise が解決されることで得られる値(上記の例だとAPIからのレスポンス)をコールバック関数の中でしか扱うことができません。単純な処理なら問題ありませんが、その値を使って複雑な処理を行おうとするとコールバック関数が肥大化して可読性が低下してしまいます。

この問題を解決するため、ECMAScript/TypeScriptには**async/await**という構文があります。async キーワードを付けた関数は非同期関数になります。この関数は暗黙的に Promise を返すものとして扱われます。非同期関数内では await というキーワードを使うことができるようになります。 await は Promise の解決を「待つ」という指示になります。たとえば、fetch() の呼び出しに await を付けると戻り値が Promise <Response> ではなく Response になります。戻り値が Promise が解決した後の値になるわけです。

この async / await を使って先ほどの処理を次のように書くことができます。

```
const asyncFunction = async () => {
    const response = await fetch(
        'https://api.publicapis.org/entries'
    );
    const json = await response.json();
    console.log(json);
};
asyncFunction();
```

await された Promise が rejected になった場合はエラーが throw されます。通常のエラーハンドリングと同様に try / catch によってそのエラーを捕捉することができます。

```
const asyncFunction = async () => {
    try {
        const response = await fetch(
            'https://api.publicapis.org/entries'
        );
        const json = await response.json();
        console.log(json);
    } catch (error) {
        console.log(error);
    }
};
asyncFunction();
```

参考文献

本節の参考文献は次の通りです。

- TypeScript入門『サバイバルTypeScript』〜実務で使うなら最低限ここだけはおさえておきたいこと〜

  URL https://typescriptbook.jp/

- Using promises - JavaScript | MDN

  URL https://developer.mozilla.org/en-US/docs/Web/JavaScript/Guide/Using_promises

- Promises - JavaScript | MDN

  URL https://developer.mozilla.org/en-US/docs/Web/JavaScript/Reference/Global_Objects/Promise

- JavaScriptモジュール - JavaScript | MDN

  URL https://developer.mozilla.org/ja/docs/Web/JavaScript/Guide/Modules

- TypeScript: Documentation - Utility Types

  URL https://www.typescriptlang.org/docs/handbook/utility-types.html

React

本節ではReactの基本的な概念や書き方について解説していきます。Next.jsはReactをベースとしたフレームワークであるため、前提としてReactの理解が必要になっています。

まずはReactに特有の文法であるJSXについてその構文やどのように処理されていくのかの詳細を見ていきます。次に状態管理や副作用、コンポーネントといったReactの重要概念の内容とその使い方について確認していきます。

Reactの基本

Reactが実現したいことは次の2つです。

- JSXによる宣言的なUIの実装
- 状態の管理

JSX

まずは1つ目のJSXによる宣言的なUIの実装から見ていきましょう。`create-react-app`というボイラープレートを用いてReactのプロジェクトを作成してみます。

```
npx create-react-app react-sample --template typescript
```

このボイラープレートにはトランスパイラやバンドラが含まれています。`--template typescript`オプションを指定しているのでTypeScript用の設定ファイルも自動で生成されます。

次のコマンドを実行するとトランスパイラとバンドラが実行されて実行用のJavaScriptが生成され、さらに開発用のサーバーが起動します。

```
cd react-sample
npm start
```

ブラウザで`http://localhost:3000`にアクセスするとReactで実装したアプリケーションが画面に表示されます。

ReactによるWebアプリケーションの本体は`public/index.html`です。このHTMLにトランスパイル/バンドルされたJavaScriptファイルが読み込まれることでアプリケーションとなります。

SAMPLE CODE public/index.html

```
<!DOCTYPE html>
<html lang="en">
    <head>
```

```
    ...
  </head>

  <body>
    ...
    <div id="root"></div>
  </body>
</html>
```

読み込まれるJavaScriptファイルの大元になるのは `src/index.tsx` です。以降、こうしたファイルのことを「エントリポイント」と呼びます。

SAMPLE CODE `src/index.tsx

```
import React from 'react';
import ReactDOM from 'react-dom/client';
import './index.css';
import App from './App';

const root = ReactDOM.createRoot(
  document.getElementById('root') as HTMLElement
); // ❶
root.render(
  <React.StrictMode>
    <App />
  </React.StrictMode>
); // ❷
```

❶でHTMLのid: `root` を持った要素を取得して `ReactDOM.createRoot()` を呼び出しています。こうすることで先ほど見た `public/index.html` のid: `root` の `div` 要素にReactアプリケーションが関連付けられます。そして❷で `root.render()` にHTMLに似たタグ構文を入力することでReactアプリケーションが展開されます。

このタグ構文がJSXです。JSXとはJavaScript（TypeScript）ファイルの中で記述できるHTMLに似た特殊な文法ことを指します。このJSXはJavaScriptのマクロで、`React.createElement()` にトランスパイルされます。TypeScriptでJSXの文法を利用するためにはファイルの拡張子を `.tsx` にするというルールがあります。トランスパイラやリンタがJSXをパースするためです。

Reactアプリケーションはコンポーネントという単位に分割することができます。ここでは `<App />` がそれに当たります。読み込まれている `src/App.tsx` の内容を見てみましょう。

SAMPLE CODE src/App.tsx

```
import React from 'react';

function App() {
    return <div className="App">...</div>;
}

export default App;
```

ReactコンポーネントはJSX要素を返す関数です。これをインポートしてJSX内でネイティブなHTMLのタグと同様にマークアップ要素として利用することができます（ `<App />` ）。実装したコンポーネント名は `div` などネイティブのタグと区別するために先頭を大文字にするというルールがあります。

JSXの理解のため、 `App` コンポーネントの内容を少し簡略化した上で、JSXを使わずに `React.createElement()` で書き直してみましょう。

まず簡略化した `App` コンポーネントの内容は次のようになります。

SAMPLE CODE src/App.tsx

```
import './App.css';
import logo from './logo.svg';

function App() {
    return (
        <div className="App">
            <header className="App-header">
                <img
                    src={logo}
                    className="App-logo"
                    alt="logo"
                />
                <a
                    className="App-link"
                    href="https://reactjs.org"
                    target="_blank"
                    rel="noopener noreferrer"
                >
                    Learn React
                </a>
            </header>
        </div>
    );
}
```

JSXを使わずに書き直したものが下記です。`export default AppWithoutJSX;` とすることでこの `AppWithoutJSX` コンポーネントが画面に描画されますが `App` コンポーネントによる描画内容とまったく同じものになります。

SAMPLE CODE src/App.tsx

```
import { createElement } from 'react';
import './App.css';
import logo from './logo.svg';

function AppWithoutJSX() {
    return createElement(
        'div',
        {
            className: 'App'
        },
        createElement(
            'header',
            {
                className: 'App-header'
            },
            createElement('img', {
                className: 'App-logo',
                src: logo,
                alt: 'logo'
            }),
            createElement(
                'a',
                {
                    className: 'App-link',
                    href: 'https://reactjs.org',
                    target: '_blank',
                    rel: 'noopener noreferrer'
                },
                'Learn React'
            )
        )
    );
}

export default AppWithoutJSX;
```

`createElement()` は3つの引数を取ります。第1引数はタグ名、第2引数は属性、第3引数は子要素です。第3引数は残余引数として指定されており、3つ目以降の引数がすべて子要素として処理されます。この第3引数は配列を指定することもできます。

JSX要素のタグ名が第1引数に、それぞれの属性が第2引数に、タグで囲んだ子要素たちが第3引数にそれぞれ対応します。JSXについて混乱した場合はこのように変換先の `createElement()` を考えると整理することができます。

JSXで記述したものと `createElement()` で記述したものを比較すれば見て取れるように、JSXによってJavaScriptを使いながらHTMLのように宣言的にユーザーインターフェイスを記述することができています。また、記述自体もシンプルになっており、読みやすくなります。これがJSXの利点です。

JSX要素の属性にクラス名(`className`)を指定することでレンダリングされるHTMLのタグに同じクラス名を付与することができます。これによってJSX要素のスタイルをCSSで指定することができます。 `import './App.css';` でCSSをインポートすることで、このCSSファイルに書かれたスタイルが有効になります。たとえば、`App-logo` クラスには次のようなスタイルが記述されています。

SAMPLE CODE src/App.css

```
.App-logo {
    height: 40vmin;
    pointer-events: none;
}
```

JSX内では `{}` で囲むことでJavaScriptの式を埋め込むことができます。

```
function App() {
    const message = 'Hello, world!';
    return <div className="App">{message}</div>;
}
```

一方でJavaScriptの文をJSX内に記述することはできません。たとえば、次のように `if` 文を書くことはできません。次のコンポーネントはコンパイルエラーになります。

```
function App() {
    const conditon = true;
    const message = 'Hello, world!';

    return (
        <div className="App">
            {
                if (conditon) {
                    return message;
                }
```

▼

```
        }
    </div>
  );
}
```

このことは再び変換後の `createElement()` をイメージすることで理解しやすくなります。JSX要素の子要素は `createElement()` の第3引数に対応していました。関数の引数に文を指定することはできません。そのため、JSX内には式しか含めることができないのです。

上記のような条件付きのレンダリングは `if` 文の代わりに次のように短絡評価(❶)や三項演算子(❷)を使って記述することができます。

```
function App() {
    const conditon = true;
    const message = 'Hello, world!';

    return <div className="App">{conditon && message}</div>; // ❶
    return (
        <div className="App">{conditon ? message : null}</div> // ❷
    );
}
```

先ほど言及したように、JSX要素の子要素として配列を指定することができます。このことによって配列の `map()` 関数を利用して繰り返し要素を生成することができます。Reactがレンダリング時の内部処理で利用するため、このように繰り返し要素を生成する場合はそれぞれにユニークな `key` 属性を指定する必要があります。

```
function App() {
    const messages = ['Hello, ', 'world!'];

    return (
        <div className="App">
            {messages.map((message, index) => (
                <div key={index}>{message}</div>
            ))}
        </div>
    );
}
```

状態管理

ただ静的な内容を表示するだけでなく、ユーザーの操作に応じて動的に表示内容を変更するためには**状態**を管理する必要があります。そこでReactコンポーネントには状態を保持することのできる仕組みがあります。たとえば、入力された値やサーバーから取得したデータを保存し、それを画面に反映させることができます。次のように記述すると`input`要素に入力された値をその下の`div`要素の中に表示することができます。

SAMPLE CODE src/App.tsx

```
import React, { useState } from 'react';

function App() {
    const [inputValue, setInputValue] =
        useState<string>('defaultValue'); // ❶
    return (
        <div className="App">
            <input
                value={inputValue}
                onChange={(event) => {
                    setInputValue(event.target.value);
                }} // ❷
            />
            <div>{inputValue}</div>
        </div>
    );
}

export default App;
```

Reactの`useState()`関数は状態(`inputValue`)と更新用の関数(`setInputValue`)の配列を返します(❶)。引数に渡した値(`'defaultValue'`)が状態の初期値になります。引数に何も指定しない場合の初期値は`undefined`です。`useState()`はジェネリック関数で、初期値から状態の型を推論できない場合は型引数で状態の型を指定することができます。

❷ではJSX要素のイベントハンドラを利用しています。HTML要素に対応するJSX要素には`onChange`や`onClick`などのイベントハンドラを指定することができます(元のイベントハンドラと違ってキャメルケースで指定する点に注意してください)。イベントハンドラには関数を指定します。この関数の引数にはイベントオブジェクトが渡されます。`onChange`イベントの場合は`event.target.value`で入力された値を取得することができます。この値を`setInputValue()`関数に渡すことで状態を更新しています。

更新関数に新しい値を入れると状態が更新され、画面が再描画される仕組みです。以降ではこの再描画のことを**再レンダリング**と呼びます。状態を更新するには必ず更新関数を利用する必要があります。そうしなければ画面が再描画されないので、状態の更新が画面に反映されません。逆に言えば、状態を示す変数に新しい値を直接再代入しても画面は更新されません。

前節で見たように、JavaScriptでは配列やオブジェクトは `const` 宣言していても内容を更新することができます。状態がこうしたミュータブルな値の場合に直接、内容を変化させても再レンダリングは起こりません。つまり値の内容の変更が描画内容などに反映されることはありません。こうした状態を更新するためには、常に新しい配列やオブジェクトを作成して更新関数に渡す必要があります。

```
const [arrayState, setArrayState] = useState<number[]>([]);

// 以下のように配列の内容を直接変更しても再レンダリングは起こらない
arrayState.push(1);

// 以下のように新しい配列を作成して更新関数に渡す必要がある
setArrayState([...arrayState, 1]);
```

状態はあるレンダリングの中で常にイミュータブルな値であると捉えることができます。状態が更新されるのは更新関数が実行された時だけで、そのときは再レンダリングが発生します。逆にいえば、再レンダリングが発生しない限り状態は不変の値なのです。ミュータブルな値の扱いは基本的に難しいものです。ある箇所で値を変更したら、その変更がどこかで影響を及ぼしているかもしれません。Reactでは状態をイミュータブルな値として扱うことで、この点をシンプルにしています。つまり、再レンダリングが発生しない限りにおいて状態が他の箇所で変更されるかもしれないことを考慮する必要はありません。そして再レンダリングが発生したときはコンポーネント内の処理が再度実行される(例外はあるものの)ので、自動的に最新の状態が参照されます。

`useState()` 関数はフックと呼ばれます。本来状態を持たない関数であるコンポーネントに状態を「フック」して追加しているからです。フックには `useState()` の他に次で紹介する副作用に関わるものや、後述する `useMemo()` や `useCallback()` といった副次的な値の保存に利用するものなどがあります。こうしたフックは必ずコンポーネントの関数のトップレベルで呼び出す必要があります。条件分岐の中やループ処理の中で呼び出すとエラーになります。

副作用

Reactは状態の変更に合わせて再レンダリング以外の副次的な処理を行うことができます。以降ではこれを**副作用**と呼びます。たとえば、`inputValue` の変化に応じてそれをパラメーターとしてバックエンドAPIに送信することができます。このような副作用を実装するためには `useEffect()` というフックを利用します。

SAMPLE CODE src/App.tsx

```
import React, { useEffect, useState } from 'react';

function App() {
    const [inputValue, setInputValue] =
        useState<string>('defaultValue');
    const [response, setResponse] = useState<Response | null>(
        null
    );

    useEffect(
        () => {
            const controller = new AbortController(); // ❸
            fetch('/api/data/list', {
                body: JSON.stringify({ inputValue }),
                signal: controller.signal
            }).then((response) => {
                setResponse(response);
            });
            return () => {
                controller.abort(); // ❹
            };
        }, // ❶
        [inputValue] // ❷
    );

    return (
        <div className="App">
            <input
                value={inputValue}
                onChange={(event) => {
                    setInputValue(event.target.value);
                }}
            />
            <div>{inputValue}</div>
        </div>
    );
```

```
}
export default App;
```

`useEffect()` の第1引数には副作用として処理する内容を表す関数を渡します(❶)。第2引数にはどの状態の変更に応じて副作用を発火させるかを表す変数の配列を渡します(❷)。

`useEffect()` はコールバック関数を `return` することができます。このコールバック関数はコンポーネントが更新されたり、レンダリング内容から削除された際に呼び出されます。`fetch()` による非同期処理の途中でコンポーネントが更新された場合、もう一度、副作用が実行されて二重にリクエストが送られてしまいます。そのため、更新された際には `fetch()` によるリクエストを中断する必要があります。❸で生成した `AbortController` の `signal` を `fetch()` の引数に渡しておき、❹でコールバック関数内で `AbortController` の `abort()` を呼び出すことで更新時にリクエストを中断しています。

副作用をリセットするための `useEffect()` の戻り値の関数のことを**クリーンアップ関数**と呼びます。

コンポーネントと引数

Reactコンポーネントには引数(props)を渡すことができます。親コンポーネントから子コンポーネントに値を渡すことで、たとえば親コンポーネントが持っている状態を子コンポーネント内で描画することができます。親コンポーネントが再レンダリングされるとその子コンポーネントも再レンダリングされるので、引数で渡した `inputValue` についても常に最新の状態が参照されます。

```
import React from 'react';

export const Component: React.FunctionComponent<{
    inputValue?: string;
}> = ({ inputValue }) => {
    return <div>{inputValue}</div>;
};
```

TypeScript Reactでコンポーネントの引数の型は `React.FunctionComponent` の型引数によって定義します。引数は関数コンポーネントにオブジェクトとして渡されます。上記の例では引数のオブジェクトを分割代入して `inputValue` を取り出しています。

この `Component` は次のように `App` コンポーネントで利用します。コンポーネントの引数はJSX要素の属性として指定します。

SAMPLE CODE src/App.tsx

```
import React, { useEffect, useState } from 'react';
import { Component } from './Component';

function App() {
    const [inputValue, setInputValue] =
        useState<string>('defaultValue');

    return (
        <div className="App">
            <input
                value={inputValue}
                onChange={(event) => {
                    setInputValue(event.target.value);
                }}
            />
            <Component inputValue={inputValue} />
        </div>
    );
}

export default App;
```

このようなコンポーネントをJSXの中で利用した際にどういったJavaScriptに変換されるのでしょうか。この場合、`createElement()`の第1引数にタグ名ではなくコンポーネント自体が指定されます。そしてコンポーネントの引数は属性として第2引数で指定します。つまり、次のように変換されて処理されます。

```
function App() {
    const [inputValue, setInputValue] =
        useState<string>('defaultValue');

    return createElement(
        'div',
        {
            className: 'App'
        },
        createElement('input', {
            value: inputValue,
            onChange: (event) => {
                setInputValue(event.target.value);
            }
        }),
```

```
        createElement(Component, {
            inputValue
        })
    );
}
```


その他の機能を提供するフック

ReactのJSX、状態管理およびコンポーネントという主要な機能を確認しました。ここではその他の機能を提供するフックのうちよく利用するものをいくつか紹介します。

▶useMemo

`useMemo` はレンダリング前後で値をキャッシュするためのフックです。状態から派生して計算した値をコンポーネントで利用したい際に、その計算処理が重い場合パフォーマンスに悪影響を及ぼす場合があります。次のように `inputValue` の値を逆順にしたもの画面に表示することを考えます。入力された文字列が長くなるほど `reversedValue` の計算に時間がかかるようになります。

```
import React, { useMemo, useState } from 'react';
function App() {
    const [inputValue, setInputValue] =
        useState<string>('defaultValue');
    const reversedValue = useMemo(
        () => {
            return inputValue.split('').reverse().join('');
        }, // ❶
        [inputValue] // ❷
    );
    return (
        <div className="App">
            <input
                value={inputValue}
                onChange={(event) => {
                    setInputValue(event.target.value);
                }}
            />
            <div>{reversedValue}</div>
        </div>
    );
}
```

useMemo の第1引数にはキャッシュする値を計算するコールバック関数を指定します(❶)。この関数の戻り値が useMemo の戻り値として利用できます。第2引数にはその関数が依存する状態の配列を指定します(❷)。この配列に含まれる状態が更新されたときにのみ第1引数のコールバック関数が再実行されて値が更新されます。この例では inputValue が更新されたときにのみ reversedValue の値が再計算されます。 useMemo を利用しない場合は inputValue 以外の状態が更新された際にも reversedValue の値が再計算されてしまいます。

このように useMemo を利用することで画面描画のパフォーマンスを向上させることができます。

▶useCallback

useCallback も useMemo と同様に値をキャッシュするためのフックです。useMemo との違いは useCallback は関数をキャッシュする点です。

次のように入力された文字列に特定の文字列が表示されているかどうかを表示するコンポーネントを考えます。

```
import React, { useCallback, useState } from 'react';

const DisplayResult: FunctionComponent<{
    findValue: (query: string) => string;
    query: string;
}> = ({ findValue, query }) => {
    return <div>{findValue(query)}</div>;
};

function App() {
    const [inputValue, setInputValue] =
        useState<string>('defaultValue');
    const findValue = useCallback(
        (query: string) => {
            return inputValue.indexOf(query) === -1
                ? `'${query}' not found`
                : `'${query}' found`;
        }, // ❶
        [inputValue] // ❷
    );
    return (
        <div className="App">
            <input
                value={inputValue}
                onChange={(event) => {
                    setInputValue(event.target.value);
```

```
            }}
        />
        <DisplayResult findValue={findValue} query="hoge" />
        <DisplayResult findValue={findValue} query="fuga" />
    </div>
  );
}
```

上記では useCallback で引数の文字列が inputValue に含まれるかどうかを判定する関数(❶)をキャッシュしています。 useMemo と同様に第2引数で依存する状態の配列を指定します(❷)。この例では inputValue が更新されたときにのみ findValue 関数が新しく生成されます。

関数の生成は概ね軽い処理ですが、この関数を他のコンポーネントに引数として渡した場合にパフォーマンスを向上させる効果があります。 useCallback を使って関数の再生成を防ぐことでその関数を渡した子コンポーネントの再レンダリングを防ぐことができる場合があるからです。

▶useRef

useRef はReactコンポーネント内で可変な値を利用することができるようになるフックです。この値は更新されても再レンダリングを発生させません。また、再レンダリングが発生しても参照先の値は同じままです。

たとえば、DOM要素への参照を格納する際に利用されます。次の例では input 要素への参照を格納しておいて、その操作を行っています。

```
import React, { useRef, useState } from 'react';
function App() {
  const [inputValue, setInputValue] =
    useState<string>('defaultValue');
  const inputRef = useRef<HTMLInputElement>(null); // ❶
  return (
    <div className="App">
      <input
        ref={inputRef} // ❷
        value={inputValue}
        onChange={(event) => {
          setInputValue(event.target.value);
        }}
      />
      <button
        onClick={() => {
          inputRef.current?.focus(); // ❸
        }}
```

```
            >
                focus
            </button>
        </div>
    );
}
```

❶で useRef() をに型引数と初期値を与えて呼び出しています。 input 要素への参照は HTMLInputElement 型になります。 useRef() の戻り値は current というプロパティを持つオブジェクトです。この current プロパティに値を代入することでその値を保持することができます。❷のようにJSX要素の ref 属性に指定することで要素への参照を inputRef.current に代入することができます。❸では inputRef.current に格納されている input 要素への参照を利用して focus() メソッドを呼び出しています。

このようなDOM API呼び出しを行いたい場合に useRef が利用できます。

Ⅲ 参考文献

本節の参考文献は次の通りです。

- Quick Start - React
  URL https://react.dev/learn

- createElement - React
  URL https://react.dev/reference/react/createElement

- Rendering Lists - React
  URL https://react.dev/learn/rendering-lists#keeping-list-items-in-order-with-key

- Built-in React Hooks - React
  URL https://react.dev/reference/react

Next.js

本節ではNext.jsの概要について説明していきます。ベースとなるReactにどのような機能を追加しているのかという視点からNext.jsの特徴や利用するメリットを解説します。次章以降ではこれらの機能を使ったハンズオンを行い、Next.jsを使ったアプリケーション開発について学んでいきます。

Reactとシングルページアプリケーション

Reactで実装したWebアプリケーションは**シングルページアプリケーション（SPA）**と呼ばれます。Reactアプリケーションにおけるページ遷移は、実際にはURLを書き換えて擬似的にページを遷移したように見せかけているだけです。そのため、複数のページを持つアプリケーションに見えて実際は単一のページで実装されたアプリケーションなのでSPAと呼ばれるわけです。

こうしたSPAの課題の1つにページの初期表示が遅れてしまうことが挙げられます。さまざまなライブラリとすべてのページを操作するコードを含んだJavaScriptバンドルは巨大になり、ダウンロードに時間がかかってしまうからです。

また、SPAにおいてページ遷移機能を実装するのも煩雑になりがちでした。Reactでのページ遷移は`react-router-dom`というライブラリを利用して行うのが一般的です。たとえば、次のような実装になります。

SAMPLE CODE src/index.tsx

```
import React from 'react';
import ReactDOM from 'react-dom/client';
import App from './App';
import SomePage from './SomePage';
import {
    createBrowserRouter,
    RouterProvider
} from 'react-router-dom';

const router = createBrowserRouter([
    {
        path: '/',
        element: <App />
    },
    {
        path: '/somepage',
        element: <SomePage />
    }
```

```
]); // ❶

const root = ReactDOM.createRoot(
    document.getElementById('root') as HTMLElement
);
root.render(
    <React.StrictMode>
        <RouterProvider router={router} />
    </React.StrictMode>
); // ❷
```


❶で createBrowserRouter 関数によってURLとその描画内容を定義します。path はURLのパスを指定し、element はそのパスに対応するReactコンポーネントを指定します。次に❷で RouterProvider を render() に入力することでURLによるルーティングを有効にします。

ページが増えるごとに createBrowserRouter によるルーティングの定義を追加していく必要があります。また、ルーティングを設定するために render() などReactの基本的なAPIを利用する必要があります。

SPAで作成されたアプリケーションから検索エンジンのクローラーがHTMLメタ情報を読み取るのが難しいという問題もあります。メタ情報とは、たとえば検索エンジンのインデックスに用いられる <title/> タグなどのことを指します。SPAではJavaScriptを読み込んでレンダリング処理を行ってはじめてページ内容を表すHTMLが生成されます。そのため、クローラーが最初にダウンロードするHTMLにはメタ情報が含まれていない場合があります。この点がSEOに不利に働く可能性が指摘されてきました。

Ⅲ サーバーサイドレンダリング

こうしたSPAの問題を解決する方法に**サーバーサイドレンダリング(SSR)**というものがあります。アプリケーションのすべてをJavaScriptによって描画するのではなく、あらかじめサーバーで静的なHTMLを生成しておく手法です。もちろんページの動的な要素については追加でJavaScriptをダウンロードさせて制御します。SPAの最初に表示される画面のHTMLをサーバー側でレンダリングしてから配信するわけです。

このSSRによってSPAの課題であったページの初期表示を高速化することができるようになります。また、あらかじめサーバー側で生成したメタ情報を含んだHTMLを配信できるため、検索エンジンのクローラーも情報を読み取りやすくすることができるようになります。

ただし、こうした処理は単にReactを使ってアプリケーションを実装するだけでは実現できません。サーバー側でHTMLを生成するプロセスが必要になるからです。Reactを使ってアプリケーションを実装しながら、こうした処理を行うサーバーを立ち上げることができるフレームワークがNext.jsです。

Next.jsではファイルベースルーティングという機能が実装されており、先ほど見たような煩雑なReactアプリケーションでのページ遷移も簡単に実装できるようになっています。

Next.jsの概要

Next.jsはVercelが開発しているオープンソースのフレームワークです。Reactをベースにしながら SSRなどを利用した多機能なアプリケーションを実装することができます。

本節で解説するのは**Pages Router**という機能体系についてです。CHAPTER 04ではNext.jsのバージョン13で登場した新しい**App Router**機能について解説します。Pages Routerは従来のNext.jsの機能ですが、最新のバージョンでも利用することができます。App Routerに比べてシンプルであり、Next.jsの基本的な機能を理解する上で重要です。また、App Routerは新しい機能であり現状ではPages Routerで実装されたプロジェクトの方が多いため、まずはこちらを学ぶことをおすすめします。

公式ドキュメントでは画面左部のメニューからそれぞれ「Pages Router」と「App Router」を選択することでそれぞれの機能の詳細を確認することができます。本節の内容を確認する場合は「Using Pages Router」を選択してください。

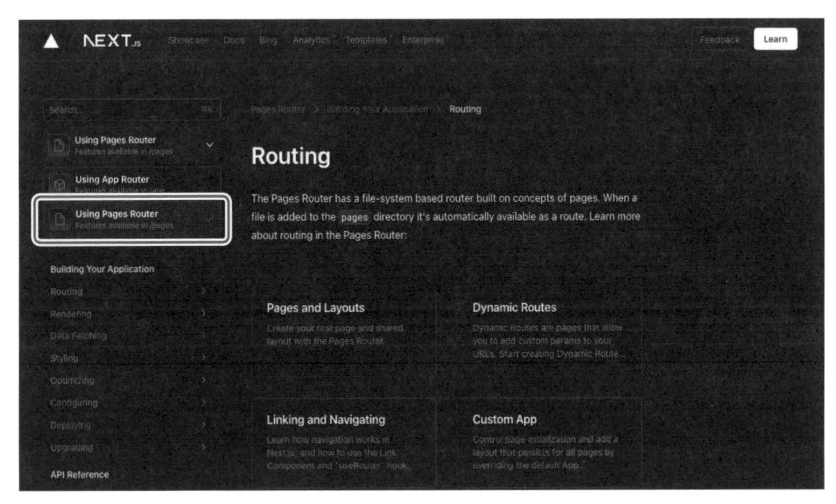

Pages Routerのドキュメントは、たとえば、次のように `nextjs.org/docs/pages` から始まるURLになっています。

```
https://nextjs.org/docs/pages/building-your-application/routing
```

ではNext.jsの機能の詳細を見ていきましょう。主な機能は次の2つです。

- サーバーサイドレンダリング(SSR)/静的サイト生成(SSG)
- ファイルベースルーティング

Next.jsもReactと同様に次のコマンドでボイラープレートを構築できます。TypeScriptはデフォルトの設定で含まれるようになっています。

```
$ npx create-next-app@latest nextjs-sample --no-app
```


コマンドの初回実行時は次のようなメッセージが表示されます。 `y` を入力してそのまま進んでください。

```
Need to install the following packages:
  create-next-app@latest
Ok to proceed? (y)
```

Next.jsはHTTPサーバーとして機能し、リクエストに応じて生成したHTML/JavaScriptを送信します。まず開発用のサーバーを次のコマンドで立ち上げることができます。

```
$ cd nextjs-sample
$ npm run dev
```

`http://localhost:3000` にWebブラウザからアクセスしてみましょう。ソースコードの変更に応じて画面が自動でリロードされ、変更を確認することができます。

アプリケーションが完成したら次のコマンドでビルドを行います。ページごとのソースコードのバンドルなどの最適化が行われ、ブラウザに配信できる状態になります。

```
$ npm run build
```

ビルドした後は次のコマンドで完成版のサーバーを立ち上げます。こちらも同様に `http://localhost:3000` にブラウザからアクセスすることで動作を確認できます。

```
$ npm run start
```

開発サーバー(`npm run dev`)では後述する静的サイト生成が行われないなどの違いがあります。開発時には開発サーバーを利用し、本番環境ではビルドした後のサーバーを利用するようにしましょう。

サーバーサイドレンダリング(SSR)/静的サイト生成(SSG)

Next.jsには先述のReactをSSRする機能が備わっています。 `npm run dev` / `npm run start` するとNode.jsのプロセスが立ち上がり、HTTPリクエストに応じてHTMLを生成して送信することができます。

また、リクエストが来るよりも前の段階、つまりアプリケーションをビルドした際にもHTMLを生成しておくことができます。これは**静的サイト生成(Static Site Generation : SSG)**と呼ばれます。

一方で、ビルドした時点やHTTPリクエストが来た時点ではHTMLの内容が確定しない場合は通常のReactと同様にJavaScriptによってブラウザ上でHTMLが生成されます。

上記のSSRとSSG、ブラウザ上でのレンダリングはNext.jsが自動で使い分けます。ビルドした時点で内容が確定していればSSG、それ以外の初期表示内容はSSR、ユーザーの入力などによって動的に生成される部分はブラウザでレンダリングされるといった仕組みです。

サイトやアプリケーションの初期表示内容はほとんどの場合にビルド時に確定しているため、SSGの方がよく利用されます。一方で、たとえばリクエストを送信したユーザーがログイン状態ならアプリケーション画面を表示したい場合はSSRが利用されます。ビルド時点ではログインユーザーが訪れるかどうかがわからないため、レンダリングするHTMLを確定できないからです。

あるページの内容をSSRする必要があるか、またはビルド時に確定していてSSGすることができるかは以降で見ていく `getServerSideProps` や `getStaticProps` による処理が行われているかどうかによって判断されます。これらの関数はリクエスト時点やビルド時点での処理を記述するためのものです。

あるページがリクエストされた時点で何らかの処理を行いたい場合は、そのページが実装されたファイルから `getServerSideProps` 関数をエクスポートします。この関数はページがリクエストされてから実行されて、その戻り値をもとにページが(サーバーで)レンダリングされます。言い換えると、`getServerSideProps` がエクスポートされたページはSSRの対象となります。

```
import { GetServerSideProps, NextPage } from 'next';

type Props = {
    posts: Post[];
};

// ❷
export const getServerSideProps: GetServerSideProps<
    Props
> = async () => {
    const res = await fetch('https://.../posts');
    const posts = await res.json();
    return {
        props: {
            posts
        }
    }; // ❶
};

// ❸
const Posts: NextPage<Props> = ({ posts }) => {
```

```
    return (
        <ul>
            {posts.map((post) => (
                <li key={post.id}>{post.title}</li>
            ))}
        </ul>
    );
};
export default Posts;
```


`getServerSideProps` の戻り値はページのコンポーネントの引数になります(❶)。`getServerSideProps` の型を `GetServerSideProps<Props>` と定義することで、戻り値の型が `Posts` であると定義できます(❷)。

`Posts` コンポーネントの型は `NextPage<Props>` と定義します(❸)。これによって `Posts` コンポーネントの引数には `Props` 型の値が渡されることが示されます。

一方でページがビルドされる段階で何らかの処理を行いたい場合は、そのページが実装されたファイルから `getStaticProps` 関数をエクスポートします。この関数はビルド時に実行されて、その戻り値をもとにページがレンダリングされます。ビルド時にレンダリングされているので、リクエスト時には処理は行われません。言い換えると、`getStaticProps` がエクスポートされたページはSSGの対象となります。

```
import { GetStaticProps, NextPage } from 'next';

export const getStaticProps: GetStaticProps<
    Props
> = async () => {
    // 省略
    return {
        props: {
            posts
        }
    };
};

const Posts: NextPage<Props> = ({ posts }) => {
    // 省略
};
export default Posts;
```

こちらの型定義も同様に `GetStaticProps<Props>` や `NextPage<Props>` を利用して定義することができます。

ファイルベースルーティング

Next.jsではプロジェクト内の`pages`ディレクトリ内のファイル構成がそのままアプリケーションのページ構成になります。まず`pages/index.tsx`の内容がトップページとしてレンダリングされます。React単体での実装に登場した`ReactDOM.createRoot()`といったエントリポイント関連の処理はNext.jsが内包しています。

トップページ以外を実装する場合は、`pages`ディレクトリ内にReactコンポーネントを記述したファイルをURLに対応させる形で配置していきます。たとえば、`pages/somepage.tsx`の内容が`/somepage`で、`pages/mypage/favorite.tsx`が`/mypage/favorite`で表示される内容になります。外部ライブラリを利用してページ遷移を実装する必要はありません。

`pages`ディレクトリの構成は次のようになります。

```
pages
  ├index.tsx -> /
  ├somepage.tsx -> /somepage
  ├mypage
  │     └favorite.tsx -> /mypage/favorite
  ├404.tsx
  ├_app.tsx -> アプリケーションエントリーポイント
  └_document.tsx -> HTMLドキュメント構造記述用ファイル
```

`_app.tsx`はアプリケーションのエントリポイントとなるファイルです。`_document.tsx`はHTMLドキュメントの構造を記述するファイルです。それぞれの具体的な内容については後の章で行うハンズオンで見ていきます。`404.tsx`はURLに対応するファイルがない場合に表示する内容を記述するファイルです。

こうしたページ間の遷移には`next/link`モジュールに含まれる`Link`コンポーネントを利用します。

```
import Link from 'next/link';

const Index = () => {
  return (
    <ul>
      <li>
        <Link href="/somepage">Some Page</Link>
      </li>
      <li>
        <Link href="/mypage/favorite">Favorite</Link>
      </li>
    </ul>
  );
```

```
};

export default Index;
```


この `Link` を利用すると遷移先のページをすべて読み込むのではなく、現在のページの内容との差分を表示するために必要十分なJavaScriptなどのみが読み込まれます。また、`Link` は遷移先のページをあらかじめロードして読み込み速度を向上させる機能があります。この点もNext.jsを利用するメリットの1つです。

▶ダイナミックルーティング

こうしたルーティングを行う際にURLの一部を変数とすることができます。たとえば、記事を追加した際などに自動でページを生成することができる機能です。

`pages/post/[slug].tsx` のようにファイル名に `[]` 記号を利用するとその部分が変数になります。変数の値は `next/router` モジュールの `useRouter()` フックから利用できます。

```
import { useRouter } from 'next/router';

const Post = () => {
    const router = useRouter();
    const { slug } = router.query;

    return <p>{slug}</p>;
};

export default Post;
```

実用上はこのURLの一部を使った変数はたとえば `getServerSideProps` と組み合わせてSSRに利用します。`getServerSideProps` は `context` という引数を取り、そこに含まれる `params` プロパティにURLの変数が格納されています。

その値を利用してたとえば、`slug` に一致する記事の内容を取得して `getServerSideProps` の戻り値とすることでページのコンポーネントでその値を使って記事のページをレンダリングします。これにより、リクエストされた任意のURLに対して対応する記事のページをSSRすることができます。

```
export const getServerSideProps: GetServerSideProps<
    Props
> = async (context) => {
    if (!context.params) {
        return { props: { posts: null } };
    }
    const { slug } = context.params;
```

```
    const res = await fetch(`https://.../data`, {
        body: JSON.stringify({ slug })
    });
    const posts = await res.json();
    return {
        props: {
            posts
        }
    };
};
```

さらにこのダイナミックルーティングをSSGで行う方法があります。SSGの場合はリクエストのURLに従ってページをレンダリングするのではなく、ビルドする時点で各ページのURLを列挙しておく必要があります。この処理を行うのが getStaticPaths です。

```
type StaticPathsParams = {
    slug: string;
};

export const getStaticPaths: GetStaticPaths<
    StaticPathsParams
> = async () => {
    return {
        paths: [
            { params: { slug: 'post1' } },
            { params: { slug: 'post2' } }
        ],
        fallback: false
    };
};
```

getStaticPaths の型を GetStaticPaths<StaticPathsParams> で定義すると戻り値の paths 配列の要素に含まれる params の型を指定できます。 paths 配列の各要素に対応するURLのページが生成されます。この場合は pages/post/[slug].tsx の slug 変数にそれぞれの値が代入された pages/post/post1.tsx 、pages/post/post2.tsx です。実用上は固定値ではなく、バックエンドAPIやCMSから取得した記事の識別子の一覧などを返します。

それぞれのページの内容は getServerSideProps と同様に getStaticProps を利用して取得することができます。

```
type StaticProps = {
    post?: Post;
};

export const getStaticProps: GetStaticProps<
    StaticProps,
    StaticPathsParams
> = async (context) => {
    if (!context.params) {
        return { props: { posts: null } };
    }
    const { slug } = context.params;
    const res = await fetch(`https://.../data`, {
        body: JSON.stringify({ slug })
    });
    const posts = await res.json();

    return {
        props: {
            posts
        }
    };
};
```

`GetStaticProps<StaticProps, StaticPathsParams>` と2つ目の型引数を指定することで、`context.params` の型を指定することができます。

▶ APIルート

`pages/api` というディレクトリに配置されたファイルは、アプリケーションのページではなく**APIルート**として処理されます。APIルートのファイルからエクスポートされた関数がRest APIとして機能します。`create-next-app` で `pages/api/hello.ts` が生成されているのでその内容を見てみましょう。

SAMPLE CODE pages/api/hello.ts

```
import type { NextApiRequest, NextApiResponse } from 'next';

type Data = {
    name: string;
};

export default function handler(
    req: NextApiRequest,
    res: NextApiResponse<Data> // ❷
```

```
) {
    res.status(200).json({ name: 'John Doe' });
} // ❶
```

❶の handler 関数がAPIルートの処理を行う関数です。HTTPリクエストの内容が NextApiRequest 型の req に入っています。リクエストに対するHTTPレスポンスの内容は NextApiResponse 型の res を利用して定義します。NextApiResponse の型引数にはJSONでレスポンスを返す場合のその内容の型を指定します。この例では Data 型のJSONを返すので NextApiResponse<Data> となっています(❷)。

http://localhost:3000/api/hello にリクエストを送信すると { "name": "John Doe" } というJSONが返ってきます(単にブラウザでこのURLを開くだけでも画面にJSONが表示されます)。ページと同様に pages/api 以下にディレクトリとファイルを作成すると対応したURL構造でリクエストを処理することができるようになります。

このAPIルートによって、React単体では実装できなかったバックエンドの処理を実装できるのもNext.jsの強みの1つです。たとえば、秘密鍵を利用した外部APIへのリクエストなどをフロントエンドと同じアプリケーション内で実装することができます。APIルートの内容はブラウザに配信されずサーバー内でのみ処理されるため、秘密鍵がユーザーに漏洩することはありません。

▶Incremental Static Regeneration(ISR)

SSGを行った場合、ビルドし直さなければページの内容を更新できないという問題が生じます。これを解決する機能が**Incremental Static Regeneration(ISR)**です。ページにリクエストが来た際にビルド済みの静的なページを表示しながら、裏側で再レンダリングを行います。再レンダリングが完了次第新しく生成されたページを表示するという仕組みです。次のように getStaticProps の戻り値に revalidate という項目を追加することで利用できます。

```
export const getStaticProps: GetStaticProps<Props> = async (
    context
) => {
    // 省略
    return {
        props: {
            posts
        },
        revalidate: 10
    };
};
```

生成されたページはこの revalidate の値の秒数の間はキャッシュされ、それ以降にリクエストが来た場合再レンダリングが実行されます。また再レンダリングはページごとに行われるので、閲覧されていないページで余計なレンダリングを起こすことはありません。

ユーザーがページを閲覧した以外のタイミングで再レンダリングを実行する手段も提供されています。APIルートでハンドラ関数の引数に与えられる NextApiResponse オブジェクトに revalidate というメソッドがあります。このメソッドに再レンダリングを行いたいパスを入力すると再レンダリングが行われます。

```
export default async function handler(
    req: NextApiRequest,
    res: NextApiResponse<{ revalidated: boolean }>
) {
    await res.revalidate('/path-to-revalidate');
    return res.json({ revalidated: true });
}
```

CMSなどでページの内容が更新され、ユーザーが過去の内容を閲覧しないようにあらかじめレンダリングしておきたい場合はこのAPIルートを呼び出せばいいわけです。

Next.jsのその他の機能

Next.jsには上記の機能の他にもWebアプリケーションを実装する上で便利な機能がいくつもあります。ここでは、次の機能を紹介します。

- 高速リロード
- リソース(画像/フォント)の最適化
- ミドルウェア
- 高速なコンパイラ/バンドラ

▶高速リロード

Next.jsには高速リロード(Fast Refresh)という機能があります。開発サーバーを起動しながらソースコードを変更すると、画面全体をリロードするのではなく変更のあったコンポーネントだけを再読み込みしてくれます。さらにその際に状態を可能な限り保持したままコンポーネントを再レンダリングします。そのため、リロードによって画面上での操作をリセットすることなくアプリケーションの内容を変更することができます。

ただし、コンポーネントを記述したファイルからコンポーネント以外の変数がエクスポートされていたり、名前を付けてコンポーネントを宣言せずに直接デフォルトエクスポートしている場合はリロード時に状態が保持されません。この機能をフル活用するために可能な限りコンポーネントを名前付きで宣言してからエクスポートするようにしましょう。

```
// 状態が保持されない
export default () => <div />;
```

```
// 状態が保持される
const Index = () => <div />;
export default Index;
```


▶リソース(画像/フォント)の最適化

通常の `<img/>` タグの代わりに `next/image` モジュールの `<Image/>` コンポーネントを利用することでNext.jsが画像を最適化してくれます。具体的には画像のサイズを表示サイズに合わせて変換してから配信したり、ビューポートに入るまで画像の読み込みを遅延させたりします。この機能によって不必要に大きな画像ファイルを読み込んで表示に時間がかかることが防げたり、まだ画面に表示されていない画像を読み込んでネットワーク帯域を占有することがなくなります。特に大量の画像を含んだサイトなどで利用することで、パフォーマンスの向上が見込めます。

`next/font` モジュールを利用するとGoogleフォントをビルド時に読み込んでNext.jsのアプリケーションに埋め込むことができます。これによりフォントの読み込み速度の向上や、フォントの読み込み遅延によるレイアウトの変更を防ぐことができます。

これらのモジュールの詳細な使い方についてはCHAPTER 02のハンズオンで解説します。

▶ミドルウェア

Next.jsには**ミドルウェア**と呼ばれる機能があります。これはNext.jsのサーバーへのリクエストに対して、そのリクエストを処理する前後に任意の処理を挟むことができる機能です。たとえば、特定のURLへのリクエストをリダイレクトさせる、ヘッダーの内容を編集する、ログを出力するといった処理を実装することができます。

ミドルウェアはNext.jsのプロジェクトのルートに配置した `middleware.ts` ファイルに `middleware` 関数を実装してエクスポートすることで設定できます。

```
import { NextResponse } from 'next/server';
import type { NextRequest } from 'next/server';

export function middleware(request: NextRequest) {
  return NextResponse.redirect(new URL('/home', request.url));
}
```

※「https://nextjs.org/docs/pages/building-your-application/routing/middleware#example」より引用

上記の例ではリクエストに対して `/home` にリダイレクトさせる処理を行っています。

デフォルトですべてのURLへのリクエストに対してミドルウェアの処理が実行されますが、対象のURLを限定することもできます。その場合は同じ `middleware.ts` ファイルで定義してエクスポートした `config` オブジェクト内でURLのパターンを指定します。

```
export const config = {
    matcher: '/about/:path*'
};
```


※「https://nextjs.org/docs/pages/building-your-application/routing/middleware #example」より引用

上記の例では `:path` はダイナミックルートのパラメータになっており、`/about/a` や `/about/b` 、または `/about/a/c` といったURLに対してミドルウェアの処理が行われます。

リダイレクトの他にもCookieを含むリクエストヘッダー/レスポンスヘッダーの参照や編集ができます。

```
export function middleware(request: NextRequest) {
    const allCookies = request.cookies.getAll(); // ❶
    console.log(allCookies);

    const requestHeaders = new Headers(request.headers); // ❷
    requestHeaders.set('sample-request-header', 'sample'); // ❸

    const response = NextResponse.next({
        request: {
            headers: requestHeaders
        }
    }); // ❹

    response.cookies.set('sample-cookie', 'sample'); // ❺
    response.headers.set('sample-response-header', 'sample'); // ❻
    return response;
}
```

`request.cookies.getAll()` でリクエストヘッダーのCookieをすべて取得することができます(❶)。 `cookies.get()` で個別に取得することもできます。❷ではリクエストヘッダーを `Headers` オブジェクトとして取得しています。 `Headers` オブジェクトはヘッダーの参照や編集を行うためのオブジェクトです。❸ではリクエストヘッダーに `sample-request-header` という名前で `sample` という値を設定しています。その編集したリクエストヘッダーを含めてリクエストを処理するためには❹のように `NextResponse.next()` の引数に渡します。

`NextResponse.next()` の戻り値はレスポンスを表すオブジェクトです。このオブジェクトの `cookies` や `headers` プロパティによってレスポンスヘッダーの参照や編集ができます。❺ではレスポンスヘッダーのCookieを設定しています。❻ではレスポンスヘッダーに `sample-response-header` という名前で `sample` という値を設定しています。

こうしたヘッダーの処理によってセッション用のCookieを読み取って認証状態を確認し、認証されていない場合はログインページにリダイレクトさせるといった処理をミドルウェアで実装することができます。

また、Next.js 13.1以降では直接、レスポンスを行うこともできるようになりました。

```
export function middleware(request: NextRequest) {
    return new NextResponse(
        JSON.stringify({
            message: 'response from middleware'
        }),
        {
            status: 200,
            headers: { 'content-type': 'application/json' }
        }
    ); // ❶
}
```

直接、レスポンスを返す場合は `NextResponse` オブジェクトをコンストラクタから作成します(❶)。コンストラクタの第1引数にはレスポンスの内容を、第2引数にはレスポンスのステータスコードやヘッダーを指定します。

こちらも認証されていない状態なら401エラーを返すといった処理を実装できます。

その他にもたとえば、次のようにAPIルートへのリクエスト内容をログに出力する処理も実装することができます。

```
export async function middleware(request: NextRequest) {
    console.log(request.url); // ❶
    if (
        request.headers.get('Content-Type') ===
        'application/json'
    ) {
        console.log(await request.json());
    } // ❷
    const response = NextResponse.next();
    return response;
}

export const config = {
    matcher: '/api/:function*' // ❸
};
```

この例ではリクエストのURL(❶)やリクエストボディ(❷)をログに出力しています。また `config` オブジェクトの `matcher` プロパティでミドルウェアが処理する対象のURLを `/api` 以下に限定しています(❸)。

▶高速なコンパイラ/バンドラ

Next.jsではSWCというRust言語製のライブラリを利用した独自のコンパイラが採用されています。このコンパイラによってJavaScriptのトランスパイルを行うことで以前のバージョンよりビルドのパフォーマンスが向上しています。以前に利用されていたBabelというライブラリによるJavaScriptによる処理よりも17倍以上速くなっているとのことで、開発体験が向上しています。

JavaScriptの変換やランタイムの処理にRustやGoといった言語を利用する流れは昨今では一般的になりつつあります。これらの言語はコンパイルして実行可能ファイル、つまりCPUへの直接の命令ファイルに変換されます。そのため、ランタイムを必要とするJavaScriptなどのスクリプト言語よりも高い実行速度を得られます。

たとえばDenoというNode.js代替のJavaScriptランタイムは、標準APIをRustで実装することでパフォーマンスを向上させています。Next.jsもその潮流に乗って自身のコンパイラをJavaScript製のBabelベースからRust製のSWCに置き換えています。NuxtというVue.jsを利用したSSRフレームワークもViteというトランスパイル/バンドルライブラリを利用するようになりました。このViteは内部的にGo製のesbuildを利用しています。

Next.js 13.4の段階ではまだベータ版ですが、コンパイラだけでなくバンドラもRust製のTurbopackに置き換えるプロジェクトが進んでいます。Turbopackはもともと使われていたWebpackというバンドラの700倍の速度でソースコードの更新を反映できるといわれています。これによりNext.jsのビルドパフォーマンスがさらに向上することが期待されます。

Turbopackは次のように `package.json` で開発サーバーの起動コマンドに `--turbo` オプションを指定することで利用できるようになります。

SAMPLE CODE package.json

```
{
    // 省略
    "scripts": {
        "dev": "next dev --turbo"
    }
}
```

将来のバージョンではプロダクション環境用のビルド(`next build`)の実行でもTurbopackを利用することが予定されています。

参考文献

本節の参考文献は次の通りです。

- Tutorial v6.11.2 | React Router
  URL https://reactrouter.com/en/main/start/tutorial

- シングルページアプリケーションでよくあるクロールの問題とその解決方法 - Lumar
  URL https://www.lumar.io/ja/blog/best-practice/spa-seo/

- Docs | Next.js
  URL https://nextjs.org/docs

- Rust-based platform for the Web – SWC
  URL https://swc.rs/

- Turbopack - The successor to webpack
  URL https://turbo.build/pack

CHAPTER 02

Next.jsでWebアプリを作ってみよう（ハンズオン基礎編）

1つ目のハンズオンではNotionのAPIを利用して、Notion上での文書をWebサイトとして表示するアプリケーションを実装していきます。NotionをCMS（Content Management System）とした簡単なJAMStackアプリケーションになります。

Next.jsの基本に触れながら、Reactによるアプリケーション実装の理解を深めていきましょう。

セットアップ

本節ではハンズオンを行うための準備を行います。まずNext.jsのプロジェクトの作成を行い、その内容を確認していきます。次にNotion APIの利用を準備します。

Next.jsのプロジェクトの作成

Node.jsをインストールすることで利用できるようになる `npx` コマンドを使ってNext.jsのプロジェクトをセットアップします。

```
$ npx create-next-app@latest nextjs-sample --no-app --no-tailwind
```

このハンズオンではPages Routerの機能を利用します。 `--no-app` でPages Routerでのセットアップを指定しています。App Routerの機能についてもCHAPTER 04のハンズオンで利用します。他の設定についてもコマンドラインで選択できますが、デフォルトのままでOKです。Enterキーを押して進んでください。デフォルトの設定でTypeScriptもセットアップされるのでそのまま利用します。

カレントディレクトリ内に同名のディレクトリが生成されます。そこがプロジェクトのルートになるので次のコマンドで移動しておきます。

```
$ cd ./nextjs-handson1
```

次のコマンドでNext.jsの開発サーバーを起動します。

```
$ npm run dev
```

ブラウザで `http://localhost:3000` にアクセスするとNext.jsアプリケーションのデフォルトの画面が表示されます。

Next.jsのプロジェクトの構造

プロジェクトのルートディレクトリに生成された `pages` ディレクトリ配下のファイルが画面のソースコードになります。 `http://localhost:3000` で表示されているのは `pages/index.tsx` の内容になっています。 `index.tsx` からは次のような `Home` 関数がエクスポートされています。

SAMPLE CODE pages/index.tsx

```
export default function Home() {
    return (
        // 省略
        <main className={`${styles.main} ${inter.className}`}>
            ...
```

```
        </main>
    );
}
```

この関数がReactコンポーネントになっています。 `index.tsx` からエクスポートされたコンポーネントはURLのルート（ / ）でレンダリングされます。

`className` 属性が指定されてる要素があります。この属性はHTMLの `class` 属性としてレンダリングされます。たとえば、一番親の `main` 要素で指定されている内容は `styles.main` となってます。この `styles` 変数は次のインポート文で `styles/Home.module.css` からインポートされたものです。

SAMPLE CODE pages/index.tsx

```
import styles from '@/styles/Home.module.css';
```

`module.css` 拡張子がついたファイルは**CSSモジュール**と呼ばれます。JavaScriptのインポートを利用して上記のようにインポートして利用します。

`main` クラスは次のように宣言されています。

SAMPLE CODE styles/Home.module.css

```
.main {
    display: flex;
    ...;
}
```

CSSモジュールをインポートした上でJSX要素でクラス名を指定することでスタイルが当たる仕組みです。このCSSをJSX要素に適用すると、表記上のクラス名は `main` ですが生成されたHTML要素には別のクラス名が付与されます。このクラス名はユニークなものとなっていて、スコープを汚染しません。つまり `main` というクラス名が他のCSSモジュールでのクラス名と重複したとしても干渉しないようになっています。

ハンズオンで利用する際に簡単にするため、`Home.module.css` の内容は一度、すべて削除しておいてください。

`pages` ディレクトリには `_app.tsx` というファイルも生成されています。 `_app.tsx` は各ページのコンポーネントをラップするもので、全ページに共通の処理を記述するためのものです。

SAMPLE CODE pages/_app.tsx

```
export default function App({
    Component,
    pageProps
}: AppProps) {
    return <Component {...pageProps} />;
}
```

たとえば、ReactのContext APIを利用する際に、そのProviderコンポーネントをここに記述します。

- Context - React
  URL https://reactjs.org/docs/context.html

この `_app.tsx` では `styles/globals.css` がインポートされています。

SAMPLE CODE pages/_app.tsx

```
import '@/styles/globals.css';
```

`globals.css` はCSSモジュールではなく通常のCSSファイルです。 `_app.tsx` でインポートされているため、このファイルに記述されたCSSは全ページに適用されます。 `body` 要素などについてアプリケーション全体で共通するスタイルが記述できます。

`globals.css` についてもハンズオンで利用する際に簡単にするため、次の内容に置き換えておいてください。

SAMPLE CODE styles/globals.css

```
html,
body {
    max-width: 100vw;
    overflow-x: hidden;
}

body {
}

a {
    color: inherit;
    text-decoration: none;
}

@media (prefers-color-scheme: dark) {
    html {
        color-scheme: dark;
    }
}
```

Notion APIの利用準備

まずはNotionのユーザー登録を行います。メールアドレスやGoogleアカウントなどを使ってログインすることができます。

- Notion - Your wiki, docs & projects. Together.
  URL https://www.notion.so/ja-jp

Notion上の文書は**ページ**という単位で構成されています。**データベース**はテーブルなどの形式で複数のページをまとめることができます(データベースもページの一種です)。

まずは今回のアプリケーションで利用するためのデータベースを作成します。左メニューからページを新規作成してください。形式は「Table」を選択しましょう。データソースは「New database」を選択します。タイトルには「nextjs-handson1」と入力してください。

データベースの各行にページを追加していくことができます。また、列を追加してページに属性を追加することができます。作成するサイトのURLに使うための「Slug」属性をテキスト形式で追加しておきましょう。公開／非公開を区別するチェックボックス形式の「Published」属性を追加しておきます。

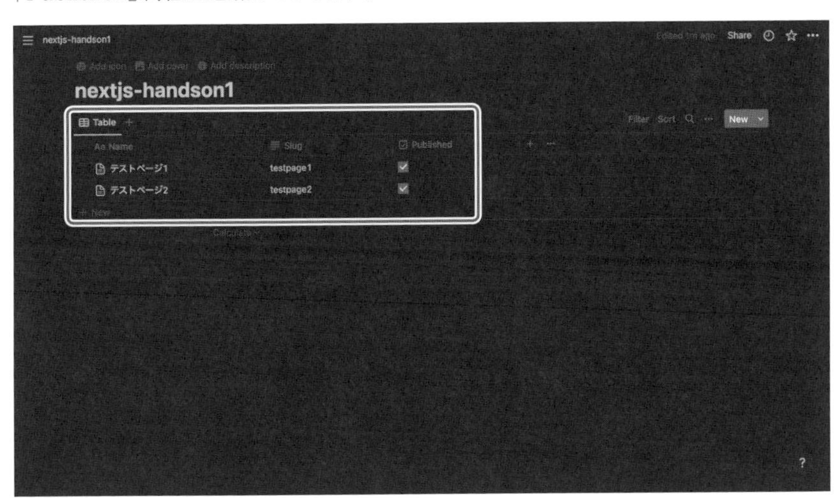

Notion APIを利用するにはAPIのクライアントとなる**インテグレーション**を作成する必要があります。ブラウザでNotionにログインした状態で下記のリンクからインテグレーションのページにアクセスしてください。

URL https://www.notion.so/my-integrations

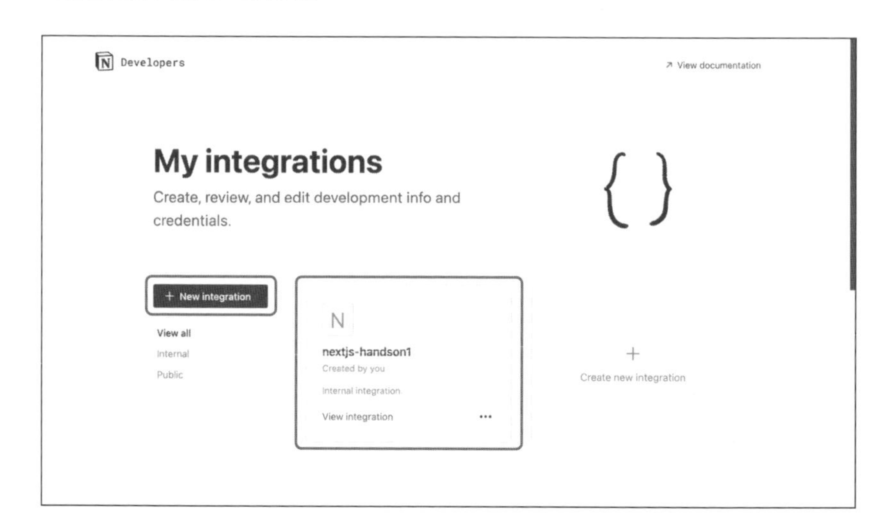

「Create new Integration」ボタンから新規作成します。名前には「nextjs-handson1」と入力してください。ワークスペースは自身のアカウントのものが選択されていればOKです。

次にインテグレーションが先ほど作成したデータベースにアクセスできるように設定する必要があります。データベースを開いて右上のメニューから「Add connections」を選択すると先ほど作成したインテグレーションが表示されます。それを選択してアクセスを承認すれば完了です。

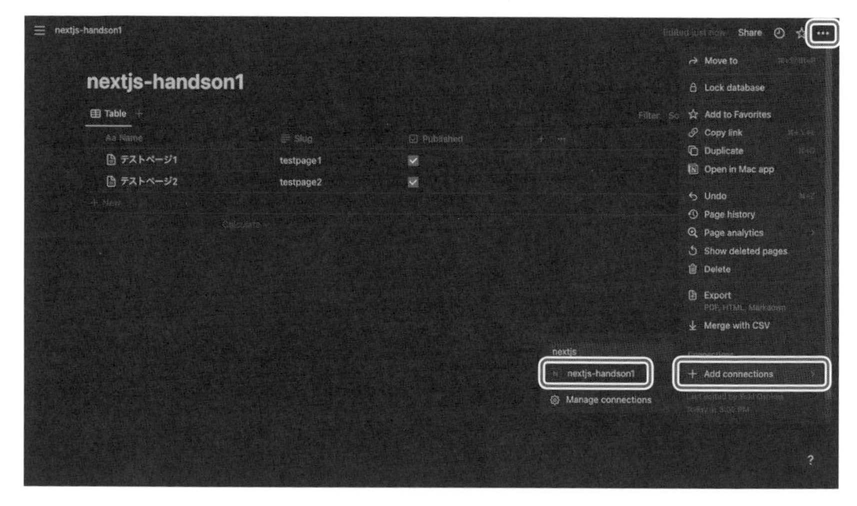

インテグレーションからAPIを呼び出すためには設定画面から取得できるトークンが必要です。インテグレーション一覧画面から作成したインテグレーションを選択し、「Secrets」メニューの「Internal Integration Secret」をコピーしてください。このトークンをリクエストのAuthorizationヘッダーに含めることでデータベースにアクセスすることができます。

こうした秘密情報は環境変数に設定してアプリケーションから読み取るのが一般的です。アプリケーションのソースコードに記述してGitHubなどのリポジトリに公開してしまうと情報が漏れ、悪用されてしまうからです。

Next.jsには `.env` から始まる特定の名称のファイルから自動で環境変数を設定してくれる機能があります。今回は `.env.local` というファイルを作成してそのファイルのトークンを書き込んでおきましょう。末尾に `.local` がついた環境変数ファイルは `.gitginore` の記述によってgitリポジトリに含まれません。設定を変えない限りGitHubに公開されることがないので安全です。

SAMPLE CODE .env.local

```
NOTION_TOKEN="sample"
```

上記のように `キー=値` の形式で設定しておくとアプリケーションから `process.env.{キー}` で値を呼び出すことができます。この環境変数は基本的にAPIルートやSSR／SSGのデータ取得メソッド（ `getStaticProps` ）などでしか利用できません。秘密情報がブラウザ側で利用できると公開したのと同じことになってしまうからです。

公開してよいものでブラウザ側で利用したい環境変数は `NEXT_PUBLIC_` という特別な接頭辞を付けます。この接頭辞が付いた環境変数はブラウザ側に配信されるバンドルファイルに含まれ、たとえばReactコンポーネント内から `process.env.{キー}` で呼び出すことができるようになります。

以上でNotion APIを呼び出すための準備が整いました。

参考文献

本節の参考文献は次の通りです。

- Create an integration

  URL https://developers.notion.com/docs/create-a-notion-integration

SECTION-007

Jamstackアプリの実装

本節では前節でセットアップしたプロジェクトを使ってNext.jsアプリケーション実装のハンズオンを行います。実際に手を動かしながらNext.jsの基本概念を理解していきましょう。また、外部APIから情報を取得して画面に表示するというWebアプリケーションの基本的な挙動の実装についても習得できます。

本節で作成するアプリケーションは次のようになります。

アプリケーションの構成

はじめにこれから実装するアプリケーションの全体の構成を確認します。NotionをCMS(コンテンツマネジメントシステム)としてページの内容を管理しながら、APIによってその内容を取得してNext.jsでWebサイトのフロントエンドを実装するいわゆるJamstackアプリケーションになっています。

Notion上のページをNext.jsの `getStaticProps` を使ってビルド時に取得し画面に表示します。ビルド時に取得しておくことでアプリケーションの画面を表示する際にはNotion APIへのリクエストを行う必要がなくなります。そのため、画面表示を高速化することができます。また、`getStaticPaths` を利用してNotionの各ページに対応するNext.jsアプリケーションのページを生成します。Notionのページの更新はISR機能を利用することで画面に反映します。

それぞれのページの内容はNotion APIで取得した内容に対応するJSX要素を生成することで表示します。それらに対するスタイリングや、コードブロックのシンタックスハイライトも行います。

getStaticPropsの利用

まずは `getStaticProps` を利用してNotion APIからデータベースとそこに含まれるページの情報を取得します。準備として公式APIクライアントライブラリをインストールしましょう。

```
$ npm install @notionhq/client
```

このライブラリを使ってAPI経由でデータベースの情報を取得します。`@notionhq/client` から `Client` オブジェクトをインポートして次のようにセットアップします。

```
import { Client } from '@notionhq/client';

const notion = new Client({
    auth: process.env.NOTION_TOKEN
});
```

`notion` オブジェクトの `databases.query()` メソッドによってIDを指定したデータベースの情報を取得することができます。データベースのIDはNotion画面上のメニューの「Copy link」からコピーしたURLのパラメーター(`?` 以降)を除いた末尾です。たとえば、次のようなURLなら `sample` がIDになります。

```
https://www.notion.so/sample?v=...&pvs=...
```

このIDも `NOTION_DATABASE_ID` として環境変数ファイルに追記しておきましょう。

SAMPLE CODE .env.local

```
NOTION_TOKEN="sample"
NOTION_DATABASE_ID="sample"
```

`index.tsx` を次のように編集します。

SAMPLE CODE pages/index.tsx

```
import { Client } from '@notionhq/client';
import { GetStaticProps } from 'next';

const notion = new Client({
    auth: process.env.NOTION_TOKEN
});

export const getStaticProps: GetStaticProps<{}> = async () => {
    const database = await notion.databases.query({
        database_id: process.env.NOTION_DATABASE_ID || ''
    }); // ❶
    console.dir(database, { depth: null }); // ❷
```

▼

```
    return {
        props: {}
    };
};

const Home = () => {
    return <div></div>;
};

export default Home;
```

`getStaticProps` 内の処理の❶でデータベースの情報を取得しています。❷でその内容をコンソールに表示します。

次のコマンドでNext.jsアプリケーションを起動しましょう。

```
$ npm run dev
```

ブラウザで `http://localhost:3000` にアクセスすると(Next.jsを起動している)コンソール画面に次のようなログが出力されます。

```
{
    object: 'list',
    results: [
        ...
    ],
    next_cursor: null,
    has_more: false,
    type: 'page',
    page: {}
}
```

`results` にデータベース内の各ページの情報が入っていきます。

Notion画面でページを追加していきましょう(デフォルトで作成されているページは削除しておいてください)。次の属性を設定したページを作成します。

- Name: テストページ1
- Slug: testpage1
- Published: true

`http://localhost:3000` の画面をリロードすると再度 `getStaticProps` が実行されて取得結果がコンソールに出力されます。`getStaticProps` は本来ビルド時に実行される関数ですが、`npm run dev` で開発サーバーを起動している場合はページ読み込みごとに実行されます(`getServerSideProps` と同様の挙動)。

コンソールへの出力内容は次のようになります。

```
{
  object: 'list',
  results: [
    {
      object: 'page',
      id: '...',
      created_time: '2023-01-02T04:51:00.000Z',
      last_edited_time: '2023-01-02T07:36:00.000Z',
      created_by: { object: 'user', id: '...' },
      last_edited_by: { object: 'user', id: '...' },
      cover: null,
      icon: null,
      parent: {
        type: 'database_id',
        database_id: '...'
      },
      archived: false,
      properties: {
        Published: {
          id: '...',
          type: 'checkbox',
          checkbox: true
        },
        Slug: {
          id: '...',
          type: 'rich_text',
          rich_text: [
            {
              type: 'text',
              text: {
                content: 'testpage1',
                link: null
              },
              annotations: {
                bold: false,
                italic: false,
                strikethrough: false,
                underline: false,
                code: false,
                color: 'default'
              },
```

```
                    plain_text: 'testpage1',
                    href: null
                }
            ]
        },
        Name: {
            id: 'title',
            type: 'title',
            title: [
                {
                    type: 'text',
                    text: {
                        content: 'テストページ1',
                        link: null
                    },
                    annotations: {
                        bold: false,
                        italic: false,
                        strikethrough: false,
                        underline: false,
                        code: false,
                        color: 'default'
                    },
                    plain_text: 'テストページ1',
                    href: null
                }
            ]
        }
    },
    url: 'https://www.notion.so/...'
  }
 ],
 next_cursor: null,
 has_more: false,
 type: 'page',
 page: {}
};
```

`results` の中身を見てくと、作成したページの属性が格納されているのがわかります。

次にこのデータベースの内容を属性でフィルター、ソートしていきましょう。`databases.query()` の引数のオブジェクトで指定することができます。

SAMPLE CODE pages/index.tsx

```
export const getStaticProps: GetStaticProps<{}> = async () => {
    const database = await notion.databases.query({
        database_id: process.env.NOTION_DATABASE_ID || '',
        filter: {
            and: [
                {
                    property: 'Published',
                    checkbox: {
                        equals: true
                    }
                } // ❶
            ]
        },
        sorts: [
            {
                timestamp: 'created_time',
                direction: 'descending'
            } // ❷
        ]
    });
    console.dir(database, { depth: null });
    return {
        props: {}
    };
};
```

Published 属性が true であるページのみ取得されるようにフィルタリングし(❶)、ページの作成日時降順で並べ替えられるようにしました(❷)。 Published 属性が false のページを追加しても results には含まれません。

次にデータベース内のページの内容を取得してみましょう。ページの各段落などはNotionではブロックと呼ばれます。ページ自体もブロックになっており、その中にブロックが存在するという形で木構造になっています。そのため対象のページ=ブロックの子ブロックを取得することで、そのページの内容を取得することができます。

先ほど取得したデータベースの内容の results に含まれているページの先頭のものの内容(ページに含まれるブロック)を取得するコードは次のようになります。

SAMPLE CODE index.tsx

```
export const getStaticProps: GetStaticProps<{}> = async () => {
    const database = await notion.databases.query({
        database_id: process.env.NOTION_DATABASE_ID || '',
        filter: {
```

```
            and: [
                {
                    property: 'Published',
                    checkbox: {
                        equals: true
                    }
                }
            ]
        },
        sorts: [
            {
                timestamp: 'created_time',
                direction: 'descending'
            }
        ]
    });
    console.dir(database, { depth: null });

    const blocks = await notion.blocks.children.list({
        block_id: database.results[0]?.id // ❶
    });

    console.dir(blocks, { depth: null });

    return {
        props: {}
    };
};
```

`blocks.children.list()` メソッドの `block_id` に取得したいページのIDを指定します(❶)。取得結果がコンソールに次のように出力されます。

```
{
    object: 'list',
    results: [],
    next_cursor: null,
    has_more: false,
    type: 'block',
    block: {}
};
```

現在は空のページなので `results` は空の配列になっています。

Notionの「テストページ1」ページに次の内容を追加しましょう。 `/heading2` など、 `/` で始まる単語はブロックの種類を選択するコマンドです。Notionのページ上で直接入力してEnterキーを押すと対応する種類のブロックが追加されます。コマンド以降の文字列がブロックの内容になります。

```
/heading2 test heading 2

test paragraph

/code test code block

/quote test quote
```

内容を追加した上でAPIからページの内容を取得すると次のようになります。

```
{
    object: 'list',
    results: [
        {
            object: 'block',
            id: '...',
            parent: {
                type: 'page_id',
                page_id: '...'
            },
            created_time: '2023-01-02T11:15:00.000Z',
            last_edited_time: '2023-01-02T11:24:00.000Z',
            created_by: { object: 'user', id: '...' },
            last_edited_by: {
                object: 'user',
                id: '...'
            },
            has_children: false,
            archived: false,
            type: 'heading_2', // ❶
            heading_2: {
                rich_text: [
                    {
                        type: 'text',
                        text: {
                            content: 'test heading 2',
                            link: null
                        },
```

```
                    annotations: {
                        bold: false,
                        italic: false,
                        strikethrough: false,
                        underline: false,
                        code: false,
                        color: 'default'
                    },
                    plain_text: 'test heading 2',
                    href: null
                }
            ],
            is_toggleable: false,
            color: 'default'
        }
    },
    {
        object: 'block',
        id: '...',
        parent: {
            type: 'page_id',
            page_id: '...'
        },
        created_time: '2023-01-02T11:16:00.000Z',
        last_edited_time: '2023-01-02T11:16:00.000Z',
        created_by: {
            object: 'user',
            id: '...'
        },
        last_edited_by: {
            object: 'user',
            id: '...'
        },
        has_children: false,
        archived: false,
        type: 'paragraph',
        paragraph: {
            rich_text: [
                {
                    type: 'text',
                    text: {
                        content: 'test paragraph',
                        link: null
```

```
                },
                annotations: {
                    bold: false,
                    italic: false,
                    strikethrough: false,
                    underline: false,
                    code: false,
                    color: 'default'
                },
                plain_text: 'test paragraph',
                href: null
            }
        ],
        color: 'default'
    }
},
{
    object: 'block',
    id: '...',
    parent: {
        type: 'page_id',
        page_id: '...'
    },
    created_time: '2023-01-02T11:16:00.000Z',
    last_edited_time: '2023-01-02T11:24:00.000Z',
    created_by: {
        object: 'user',
        id: '...'
    },
    last_edited_by: {
        object: 'user',
        id: '...'
    },
    has_children: false,
    archived: false,
    type: 'code', // ❷
    code: {
        caption: [],
        rich_text: [
            {
                type: 'text',
                text: {
                    content: 'test code block',
```

```
                    link: null
                },
                annotations: {
                    bold: false,
                    italic: false,
                    strikethrough: false,
                    underline: false,
                    code: false,
                    color: 'default'
                },
                plain_text: 'test code block',
                href: null
            }
        ],
        language: 'javascript'
    }
},
{
    object: 'block',
    id: '...',
    parent: {
        type: 'page_id',
        page_id: '...'
    },
    created_time: '2023-01-03T10:45:00.000Z',
    last_edited_time: '2023-01-03T10:45:00.000Z',
    created_by: {
        object: 'user',
        id: '...'
    },
    last_edited_by: {
        object: 'user',
        id: '...'
    },
    has_children: false,
    archived: false,
    type: 'quote',
    quote: {
        rich_text: [
            {
                type: 'text',
                text: {
                    content: 'test quote',
```

```
                          link: null
                      },
                      annotations: {
                          bold: false,
                          italic: false,
                          strikethrough: false,
                          underline: false,
                          code: false,
                          color: 'default'
                      },
                      plain_text: 'test quote',
                      href: null
                  }
              ],
              color: 'default'
          }
      }
  ],
  next_cursor: null,
  has_more: false,
  type: 'block',
  block: {}
};
```

「Heading 2」なら type に heading_2（❶）、コードブロックなら code（❷）などが入るようになっています。これらをもとにスタイルを付けてWebサイトとしてレンダリングしていきます。

ここからは具体的なアプリケーションの実装に移っていきます。前述で取得したページの内容を getStaticProps の戻り値とすることで、Reactコンポーネント側で利用できるようになります。この内容はビルド時に取得され、静的なものとして扱われます。つまりWebサイトにアクセスするたびにNotionのAPIが呼び出されることはありません。その分だけサイトの表示を高速化できます。また、一般的なAPIと同様にNotionのAPIにも回数制限があるのでこれを回避する上でも役立ちます。

さて、APIのレスポンスはそのままでは冗長で扱いにくいので簡素化していきましょう。具体的には次のような Post 型に整形します。

```
export type Content =
    | {
          type:
              | 'paragraph'
              | 'quote'
```

```
            | 'heading_2'
            | 'heading_3';
        text: string | null;
      }
    | {
        type: 'code';
        text: string | null;
        language: string | null;
      };

export type Post = {
    id: string;
    title: string | null;
    slug: string | null;
    createdTs: string | null;
    lastEditedTs: string | null;
    contents: Content[];
};
```

整形する処理を追加した`getStaticProps`は次のようになります。

SAMPLE CODE pages/index.tsx

```
type StaticProps = {
    post: Post | null;
};

export const getStaticProps: GetStaticProps<
    StaticProps
> = async () => {
    const database = await notion.databases.query({
        database_id: process.env.NOTION_DATABASE_ID || '',
        filter: {
            and: [
                {
                    property: 'Published',
                    checkbox: {
                        equals: true
                    }
                }
            ]
        },
        sorts: [
            {
```

```
            timestamp: 'created_time',
            direction: 'descending'
        }
    ]
});

const page = database.results[0];
if (!page) {
    return {
        props: {
            post: null
        }
    };
}
if (!('properties' in page)) {
    return {
        props: {
            post: {
                id: page.id,
                title: null,
                slug: null,
                createdTs: null,
                lastEditedTs: null,
                contents: []
            }
        }
    };
}
let title: string | null = null;
if (page.properties['Name'].type === 'title') {
    title =
        page.properties['Name'].title[0]?.plain_text ??
        null;
}
let slug: string | null = null;
if (page.properties['Slug'].type === 'rich_text') {
    slug =
        page.properties['Slug'].rich_text[0]?.plain_text ??
        null;
}

const blocks = await notion.blocks.children.list({
    block_id: page.id
```

```
});
const contents: Content[] = [];
blocks.results.forEach((block) => {
    if (!('type' in block)) {
        return;
    }
    switch (block.type) {
        case 'paragraph':
            contents.push({
                type: 'paragraph',
                text:
                    block.paragraph.rich_text[0]
                        ?.plain_text ?? null
            });
            break;
        case 'heading_2':
            contents.push({
                type: 'heading_2',
                text:
                    block.heading_2.rich_text[0]
                        ?.plain_text ?? null
            });
            break;
        case 'heading_3':
            contents.push({
                type: 'heading_3',
                text:
                    block.heading_3.rich_text[0]
                        ?.plain_text ?? null
            });
            break;
        case 'quote':
            contents.push({
                type: 'quote',
                text:
                    block.quote.rich_text[0]?.plain_text ??
                    null
            });
            break;
        case 'code':
            contents.push({
                type: 'code',
                text:
```

```
                        block.code.rich_text[0]?.plain_text ??
                        null,
                    language: block.code.language
                });
            }
    });

    const post: Post = {
        id: page.id,
        title,
        slug,
        createdTs: page.created_time,
        lastEditedTs: page.last_edited_time,
        contents
    };

    console.dir(post, { depth: null });
    return {
        props: { post }
    };
};
```

各処理を詳しく見ていきましょう。まずページの属性の情報を整形します。

`database.results` は `Array<PageObjectResponse | PartialPageObjectResponse>` と型定義されており、ページの属性の情報は `PageObjectResponse` 型に含まれています。そのため、ユニオン型から型の絞り込みを行う必要があります。`PageObjectResponse` には `properties` というプロパティが含まれていることを利用して型を判定します。次の箇所がそれに該当します。

```
const page = database.results[0];

if (!('properties' in page)) {
    // pageはPartialPageObjectResponse
    // 内容が存在しないのでnullとする
    return {
        props: {
            post: {
                id: page.id,
                title: null,
                slug: null,
                createdTs: null,
                lastEditedTs: null,
```

```
                    contents: []
                }
            }
        };
}
// pageはPageObjectResponse
```

さらに`page.properties[プロパティ名]`も複数の型のユニオン型となっています。ここも`page.properties[プロパティ名].type`の値によって型を絞り込むことができます。次がその一例です。

```
let title: string | null = null;
if (page.properties['Name'].type === 'title') {
    title =
        page.properties['Name'].title[0]?.plain_text ?? null;
}
```

`type`が`title`なら次の型です。`RichTextItemResponse`型の配列である`title`からその内容を取り出すことができます。

```
{
    type: 'title';
    title: Array<RichTextItemResponse>;
    id: string;
}
```

`slug`についても同様に取り出しています。

```
let slug: string | null = null;
if (page.properties['Slug'].type === 'rich_text') {
    slug =
        page.properties['Slug'].rich_text[0]?.plain_text ??
        null;
}
```

`blocks.results`も`Array<PartialBlockObjectResponse | BlockObjectResponse>`になっており、型を絞り込んで内容を取り出す必要があります。`forEach()`でイテレーションした際の各要素（`block`）は`PartialBlockObjectResponse | BlockObjectResponse`型のユニオン型となります。`type`プロパティが`BlockObjectResponse`型にしか存在しないことを利用して、次のようにして絞り込みます。

```
if (!('type' in block)) {
    // PartialBlockObjectResponse型の場合は何もしない
    return;
}
// 以降の処理ではBlockObjectResponse型であることが確定する
```

その後、switch 文で type の値ごとに分岐させて Content[] 型の contents に追加していきます。

```
switch (block.type) {
    case 'paragraph':
        contents.push({
            type: 'paragraph',
            text:
                block.paragraph.rich_text[0]?.plain_text ?? null
        });
        break;
    // 省略
    case 'code':
        contents.push({
            type: 'code',
            text: block.code.rich_text[0]?.plain_text ?? null,
            language: block.code.language
        });
}
```

最終的に次のようなオブジェクトに整形されます。

```
{
    id: '...',
    title: 'テストページ1',
    slug: 'testpage1',
    createdTs: '2023-01-02T04:51:00.000Z',
    lastEditedTs: '2023-01-02T11:24:00.000Z',
    contents: [
        { type: 'heading_2', text: 'test heading 2' },
        { type: 'paragraph', text: 'test paragraph' },
        { type: 'code', text: 'test code block', language: 'javascript' },
        { type: 'quote', text: 'test quote' }
    ]
}
```

これを getStaticProps の戻り値に含めることでコンポーネントに受け渡します。

```
type StaticProps = {
    post: Post | null;
}; // ❶

// ❷
export const getStaticProps: GetStaticProps<
    StaticProps
> = async () => {
    // 省略
    return {
        props: { post }
    };
};
```

❶で受け渡すオブジェクトの型を StaticProps と定義しておき、❷で getStaticProps の型定義をジェネリックを利用して GetStaticProps<StaticProps> と記述します。

この値を受け取るコンポーネント側は次のような実装になります。

SAMPLE CODE pages/index.tsx

```
import { NextPage } from 'next';

// ❶
const Home: NextPage<StaticProps> = ({ post }) => {
    console.log(post); // ❷
    return <div></div>;
};
```

コンポーネントは NextPage<StaticProps> と型定義します（❶）。まずは getStaticProps から引数を受け取ったことを確認しましょう。❷で post の値をコンソールに出力します。 http://localhost:3000 を開いているブラウザのタブのコンソールに post の内容が表示されます。ブラウザのコンソールは画面上で「ctrl」+「shift」+「C」キーを押すと開く開発者メニューの「Console」タブに表示されます。

確認できたところで、次にこの情報を表示するWebページを実装していきましょう。

Webページの実装

まずは画面表示で利用するフォントを読み込みます。 `pages/_document.tsx` を次のように変更することでGoogle FontsからNoto Sans JPを読み込むことができます。Google FontsはフリーのWebフォントを提供しているサービスです。Noto Sans JPはベーシックなサンセリフ体(ゴシック体)のフォントで、日本語のWebサイトでよく利用されています。

SAMPLE CODE pages/_document.tsx

```
import { Head, Html, Main, NextScript } from 'next/document';
const Index = () => {
    return (
        <Html>
            <Head>
                <link
                    href={
                        'https://fonts.googleapis.com/css2' +
                        '?family=Noto+Sans+JP:wght@400;500;700' +
                        '&display=swap'
                    }
                    rel="stylesheet"
                />
            </Head>
            <body>
                <Main />
                <NextScript />
            </body>
        </Html>
    );
};
export default Index;
```

`next/document` モジュールの `Head` コンポーネントの中に `link` 要素を追加します。この実装によってHTMLの `head` 要素内に `link` 要素が追加され、`href` で指定したリンク先からフォントが読み込まれます。

フォントを読み込んだら `styles/globals.css` で `body` タグのスタイルを次のように編集します。Webサイト全体の文字がNoto Sans JPフォントで表示されるようになります。

SAMPLE CODE styles/globals.css

```
body {
    padding: 0;
    margin: 0;
    font-family: 'Noto Sans JP', -apple-system, BlinkMacSystemFont,
```

▼

```
        Segoe UI, Roboto, Oxygen, Ubuntu, Cantarell, Fira Sans, Droid
            Sans, Helvetica Neue, sans-serif;
}
```


次に index.tsx の Home コンポーネント内で getStaticProps で取得したページのタイトルを表示してみます。

SAMPLE CODE pages/index.tsx

```
const Home: NextPage<StaticProps> = ({ post }) => {
    if (!post) return null; // ❶
    return (
        <div>
            <div>
                <h1>{post.title}</h1> {/* ❷ */}
            </div>
        </div>
    );
};
```

引数の post は null である場合があります。その場合は表示する内容がないのでコンポーネントからは null を返します(❶)。 null や undefined 、false がJSX要素として渡された場合、Reactはその箇所には何もレンダリングしません。❷で h1 要素で post.title を画面に表示しています。

次にスタイルを付けていきましょう。今回はNext.jsのプロジェクトのセットアップに含まれているCSSモジュールを利用します。

SAMPLE CODE pages/index.tsx

```
import styles from '../styles/Home.module.css'; // ❶

const Home: NextPage<StaticProps> = ({ post }) => {
    if (!post) return null;
    return (
        <div
            className={styles.wrapper} // ❷
        >
            <div className={styles.post}>
                <h1 className={styles.title}>{post.title}</h1>
            </div>
        </div>
    );
};
```

まず styles/Home.module.css をインポートします(❶)。インポートしたCSSモジュールはクラス名が含まれたオブジェクトになります。CSSで定義したクラス名(後述)を styles.{クラス名} の形式でJSX要素の属性として指定します(❷)。

Home.module.css は次のように編集してみましょう。これらのクラス名は適当なハッシュ値を付与されてJSX要素のクラス名になります。ハッシュ値はCSSモジュールファイルごとに一意になるようになっているため、他のCSSモジュールで同じクラス名を利用してもHTML内で重複することはありません。

SAMPLE CODE styles/Home.module.css

```
.wrapper {
    max-width: 800px;
    min-height: 100vh;
    margin: 0 auto;
}

.post {
    padding: 8px;
    margin-bottom: 16px;
}

.title {
    font-size: 24px;
    font-weight: 700;
    margin: 16px 0;
}
```

wrapper クラスではまず max-width: 800px; の指定によって要素の最大幅を指定しています。 margin: 0 auto; によって左右のマージンを自動で調整し、要素が画面の中央に配置されます。 min-height: 100vh; は画面の高さを表す vh 単位を利用して、要素の最低の高さを画面の高さと同じにしています。これによって画面の下部に余白ができることを防ぎます。

その他のクラスでは padding や margin を指定して要素の余白を、font-size や font-weight を指定して文字の大きさや太さを調整しています。

現段階で画面は次のようになります。

タイトルの次に作成日時(`createdTs`)と更新日時(`lastEditedTs`)を表示してみましょう。Notion APIから取得できるタイムスタンプ文字列はやや冗長なので多少整形します。Node.jsで時刻の処理は `dayjs` ライブラリが便利です。次のコマンドでインストールします。

```
$ npm install dayjs
```

次のように `dayjs` を利用してタイムスタンプを整形し、画面に表示します。

SAMPLE CODE pages/index.tsx

```
import dayjs from 'dayjs';

const Home: NextPage<StaticProps> = ({ post }) => {
    if (!post) return null;
    return (
        <div className={styles.wrapper}>
            <div className={styles.post}>
                <h1 className={styles.title}>{post.title}</h1>
                <div className={styles.timestampWrapper}>
                    <div>
                        <div className={styles.timestamp}>
                            作成日時:{' '}
                            {
                                dayjs(post.createdTs).format(
                                    'YYYY-MM-DD HH:mm:ss'
                                ) // ❶
                            }
                        </div>
```

```
                <div className={styles.timestamp}>
                  更新日時:{' '}
                  {dayjs(post.lastEditedTs).format(
                    'YYYY-MM-DD HH:mm:ss'
                  )}
                </div>
              </div>
            </div>
          </div>
        </div>
    );
};
```

モジュールからインポートした関数にタイムスタンプ文字列を与えることで時刻を表す`dayjs`クラスのインスタンスを取得できます。`format()`で形式を指定してタイムスタンプ文字列を出力することができます（❶で2つの処理をメソッドチェーンを使って一気に行なっています）。

タイムスタンプ表示のためのスタイルを`Home.module.css`に追加します。

SAMPLE CODE styles/Home.module.css

```
.timestampWrapper {
    display: flex;
    justify-content: flex-end;
    margin-bottom: 8px;
}

.timestamp {
    margin-bottom: 4px;
    font-size: 14px;
}
```

`timestampWrapper`クラスでは`display: flex;`によって子要素を横並びにしています。`justify-content: flex-end;`によって`flex`配置になった子要素を右寄せにしています。

次のようにNotionページの作成日時と更新日時が表示されます。

次に記事本文をレンダリングしていきましょう。 `post.contents` 配列の1つひとつの要素が1つの段落に対応します。 `map()` でそれぞれを取り出し、`type` の値によってそれぞれに対応したJSX要素を返します。

SAMPLE CODE pages/index.tsx

```
post.contents.map((content, index) => {
    const key = `${post.id}_${index}`;
    switch (content.type) {
        case 'heading_2':
            return (
                <h2 key={key} className={styles.heading2}>
                    {content.text}
                </h2>
            ); // ❶
        case 'heading_3':
            return (
                <h3 key={key} className={styles.heading3}>
                    {content.text}
                </h3>
            );
        case 'paragraph':
            return (
                <p key={key} className={styles.paragraph}>
                    {content.text}
                </p>
            );
        case 'code':
            return (
                <pre
                    className={`${styles.code} lang-${content.language} `}
                >
                    <code>{content.text}</code>
                </pre>
            );
        case 'quote':
            return (
                <blockquote key={key} className={styles.quote}>
                    {content.text}
                </blockquote>
            ); // ❷
    }
});
```

たとえば `heading_2` なら `h2` 要素(❶)、`quote` なら `blockquote` 要素にしています(❷)。

`map()` の戻り値はJSX要素の配列になります。このように `map()` で生成するJSX要素の配列のそれぞれにはユニークな `key` 属性を付与する必要があります。

次にそれぞれの要素に付与したクラス名に対応したスタイルを実装していきます。

SAMPLE CODE styles/Home.module.css

```
.heading2 {
    font-weight: 500;
    font-size: 20px;
    margin: 8px 0;
}

.heading3 {
    font-weight: 500;
    font-size: 18px;
    margin: 8px 0;
}

.paragraph {
    line-height: 24px;
}

.code {
    line-height: 24px;
    margin: 16px 0 !important;
}

.quote {
    line-height: 24px;
    font-style: italic;
    color: #d1d5db;
    margin: 0;
    padding: 0 16px;
    border-left: 2px solid #d1d5db;
}
```

`heading2` などの見出しは文字や余白を大きくするなどのスタイリングを行っています。`quote` については `font-style: italic;` によって斜体にしています。また、`border-left: 2px solid #d1d5db;` によって引用文を示す線を要素の左側に引いています。

このJSX要素の配列をJSXの中に含めることができます。

ここまでで実装したコンポーネントのJSXの全体は次のようになります。

```
<div className={styles.wrapper}>
    <div className={styles.post}>
        <h1 className={styles.title}>{post.title}</h1>
        <div className={styles.timestampWrapper}>
            <div>
                <div className={styles.timestamp}>
                    作成日時:{' '}
                    {dayjs(post.createdTs).format(
                        'YYYY-MM-DD HH:mm:ss'
                    )}
                </div>
                <div className={styles.timestamp}>
                    更新日時:{' '}
                    {dayjs(post.lastEditedTs).format(
                        'YYYY-MM-DD HH:mm:ss'
                    )}
                </div>
            </div>
        </div>
        <div>
            {post.contents.map((content, index) => {
                const key = `${post.id}_${index}`;
                switch (content.type) {
                    case 'heading_2':
                        return (
                            <h2
                                key={key}
                                className={styles.heading2}
                            >
                                {content.text}
                            </h2>
                        );
                    case 'heading_3':
                        return (
                            <h3
                                key={key}
                                className={styles.heading3}
                            >
                                {content.text}
                            </h3>
                        );
```

```
                case 'paragraph':
                    return (
                        <p
                            key={key}
                            className={styles.paragraph}
                        >
                            {content.text}
                        </p>
                    );
                case 'code':
                    return (
                        <pre
                            key={key}
                            className={`
                                ${styles.code}
                                lang-${content.language}
                            `}
                        >
                            <code>{content.text}</code>
                        </pre>
                    );
                case 'quote':
                    return (
                        <blockquote
                            key={key}
                            className={styles.quote}
                        >
                            {content.text}
                        </blockquote>
                    );
            }
        })}
    </div>
  </div>
</div>;
```

最後にコードブロックにシンタックスハイライトを加えてみましょう。 **prismjs** ライブラリを利用します。まず次のコマンドでインストールします。

```
$ npm install prismjs babel-plugin-prismjs
$ npm install --save-dev @types/prismjs
```

追加の準備としてプロジェクトのルートディレクトリに `.babelrc` ファイルを作成して、次のように記述します。

SAMPLE CODE .babelrc

```
{
    "presets": ["next/babel"],
    "plugins": [
        [
            "prismjs",
            {
                "languages": [
                    "javascript",
                    "css",
                    "markup",
                    "bash",
                    "graphql",
                    "json",
                    "markdown",
                    "python",
                    "jsx",
                    "tsx",
                    "sql",
                    "typescript",
                    "yaml",
                    "rust",
                    "java"
                ],
                "plugins": [],
                "theme": "tomorrow",
                "css": true
            }
        ]
    ]
}
```

`languages` 項目に指定した言語がシンタックスハイライトの対象になります。必要な言語が他にある場合は適宜、追加してください。

`prismjs` はクラス名に `lang-{言語名}` を付与したコードブロック要素にシンタックスハイライトを行ってくれます。上記の `post.contents` のそれぞれの項目を処理する際にコードブロックの要素にはあらかじめそのクラス名を付与しておきました。クラス名の `lang-{言語名}` にはNotion APIがコードブロックに付与している言語名の値をそのまま指定してOKです。

Reactで利用する場合はHTMLのレンダリング後に `prismjs` の処理を走らせるために `useEffect()` 内で `prism.highlightAll()` を実行します(❶)。

SAMPLE CODE pages/index.tsx

```
import prism from 'prismjs';
import { useEffect } from 'react';

const Home: NextPage<StaticProps> = ({ post }) => {
    useEffect(() => {
        prism.highlightAll();
    }, []); // ❶

    if (!post) return null;
    return (
        // 省略
    )
};
```

次のようにページの各要素にスタイルが適用されて画面に表示されるようになりました。

複数ページの表示

次に複数のページをレンダリングできるように修正してみましょう。まずは getStaticProps から Post の配列を返すように型定義を修正します。

SAMPLE CODE pages/index.tsx

```
type StaticProps = {
    posts: Post[];
};

export const getStaticProps: GetStaticProps<
    StaticProps
> = async () => {
    // 省略
};
```

データベースの取得処理はそのままです。結果の先頭だけを処理していた部分をそのすべてをループで処理するように修正します。

SAMPLE CODE pages/index.tsx

```
export const getStaticProps: GetStaticProps<
    StaticProps
> = async () => {
    const database = await notion.databases.query({
        database_id: process.env.NOTION_DATABASE_ID || '',
        filter: {
            and: [
                {
                    property: 'Published',
                    checkbox: {
                        equals: true
                    }
                }
            ]
        },
        sorts: [
            {
                timestamp: 'created_time',
                direction: 'descending'
            }
        ]
    });
    const posts: Post[] = [];
    // database.resultsの各要素を処理するように修正
```

```
for (const page of database.results) {
    if (!('properties' in page)) {
        posts.push({
            id: page.id,
            title: null,
            slug: null,
            createdTs: null,
            lastEditedTs: null,
            contents: []
        });
        continue;
    }
    let title: string | null = null;
    if (page.properties['Name'].type === 'title') {
        title =
            page.properties['Name'].title[0]?.plain_text ??
            null;
    }
    let slug: string | null = null;
    if (page.properties['Slug'].type === 'rich_text') {
        slug =
            page.properties['Slug'].rich_text[0]
                ?.plain_text ?? null;
    }

    const blocks = await notion.blocks.children.list({
        block_id: page.id
    }); // ❶
    const contents: Content[] = [];
    blocks.results.forEach((block) => {
        if (!('type' in block)) {
            return;
        }
        switch (
            block.type
            // 省略
        ) {
        }
    });
    posts.push({
        id: page.id,
        title,
        slug,
```

```
            createdTs: page.created_time,
            lastEditedTs: page.last_edited_time,
            contents
        });
    }
    return {
        props: { posts }
    };
};
```


この処理では❶でNotion APIから各ページのブロック一覧を取得しています。この書き方だと各ページごとのAPI呼び出しを待ってから次のページのブロックを取得することになります。非効率的なので `Promise.all()` を使って各ページのブロックの取得を並列処理しましょう。

今回は次のようにして `Promise.all()` を利用します。

```
const blockResponses = await Promise.all(
    database.results.map((page) => {
        return notion.blocks.children.list({
            block_id: page.id
        });
    })
);
```

`Promise.all()` は `Promise` の配列を引数に取ります。それぞれを並列で処理して結果の配列を返します。

`blockResponses` 配列に各ページのブロックの取得結果が格納されます。次のような実装になります。

SAMPLE CODE pages/index.tsx

```
export const getStaticProps: GetStaticProps<
    StaticProps
> = async () => {
    // 省略
    const posts: Post[] = [];
    const blockResponses = await Promise.all(
        database.results.map((page) => {
            return notion.blocks.children.list({
                block_id: page.id
            });
        })
    ); // ❶
```

```
database.results.forEach((page, index) => {
    if (!('properties' in page)) {
        posts.push({
            id: page.id,
            title: null,
            slug: null,
            createdTs: null,
            lastEditedTs: null,
            contents: []
        });
        return;
    }
    let title: string | null = null;
    if (page.properties['Name'].type === 'title') {
        title =
            page.properties['Name'].title[0]?.plain_text ??
            null;
    }
    let slug: string | null = null;
    if (page.properties['Slug'].type === 'rich_text') {
        slug =
            page.properties['Slug'].rich_text[0]
                ?.plain_text ?? null;
    }

    const blocks = blockResponses[index]; // ❷
    const contents: Content[] = [];
    blocks.results.forEach((block) => {
        if (!('type' in block)) {
            return;
        }
        switch (
            block.type
            // 省略
        ) {
        }
    }); // ❸
    posts.push({
        id: page.id,
        title,
        slug,
        createdTs: page.created_time,
        lastEditedTs: page.last_edited_time,
```

```
            contents
        });
    });
    return {
        props: { posts }
    };
};
```

それぞれのページの処理の中でブロックを取得するのではなく、❶でループ処理の前に一括でブロックを取得してしまいましょう。その後、❷で `blockResponses` 配列から各ページに対応するブロックの情報を取り出します。後は各ページの整形処理の中でブロックの情報を取得、整形して `Post` オブジェクトを作成します(❸)。

`Post` の配列を渡した `Home` コンポーネントは次のように修正します。

SAMPLE CODE pages/index.tsx

```
const Home: NextPage<StaticProps> = ({ posts }) => {
    useEffect(() => {
        prism.highlightAll();
    }, []);

    return (
        <div className={styles.wrapper}>
            {posts.map((post) => (
                <div className={styles.post} key={post.id}>
                    {/* 省略 */}
                </div>
            ))}
        </div>
    );
};
```

`posts` 配列を `map()` でループして各ページの内容を画面表示しています。これで複数のページをレンダリングできるようになりました。データベースに適当な内容のページを追加して画面に表示されることを確認してください。

個別ページのレンダリング

次にNotionのページをそれぞれ別のURLで表示していきましょう。たとえば、`http://localhost:3000/post/testpage1` に `testpage1` の内容が表示されるイメージです。ブログなどの記事の個別ページに当たります。

まずはURLに対応するtsxファイルをプロジェクトに配置します。`pages/post/[slug].tsx` を新しく作成しましょう。

`[]` で囲まれたファイル名は変数として扱われます。この場合は `slug` にさまざまな値を代入することでそれぞれ別のURLのページをレンダリングすることができます。この各ページをSSGするためには `pages/post/[slug].tsx` で `getStaticPaths` をエクスポートします。この関数の戻り値で複数の `slug` の値を返すと、Next.jsがビルド時にそれぞれのURLに対応するHTMLを出力します。

この `getStaticPaths` でもNotionのデータベースからページの一覧を取得します。`getStaticProps` での処理と共通になるのでページ一覧を取得する処理を関数として切り出して `pages/index.tsx` で定義しておきましょう。下記がその関数の内容です。

SAMPLE CODE pages/index.tsx

```
export const getPosts = async () => {
    const database = await notion.databases.query({
        database_id: process.env.NOTION_DATABASE_ID || '',
        filter: {
            and: [
                {
                    property: 'Published',
                    checkbox: {
                        equals: true
```

```
                    }
                }
            ]
        },
        sorts: [
            {
                timestamp: 'created_time',
                direction: 'descending'
            }
        ]
    });
    const posts: Post[] = [];
    database.results.forEach((page, index) => {
        if (!('properties' in page)) {
            posts.push({
                id: page.id,
                title: null,
                slug: null,
                createdTs: null,
                lastEditedTs: null,
                contents: []
            });
            return;
        }
        let title: string | null = null;
        if (page.properties['Name'].type === 'title') {
            title =
                page.properties['Name'].title[0]?.plain_text ??
                null;
        }
        let slug: string | null = null;
        if (page.properties['Slug'].type === 'rich_text') {
            slug =
                page.properties['Slug'].rich_text[0]
                    ?.plain_text ?? null;
        }
        posts.push({
            id: page.id,
            title,
            slug,
            createdTs: page.created_time,
            lastEditedTs: page.last_edited_time,
            contents: []
```

```
        });
    });
    return posts;
};
```

pages/post/[slug].tsx でインポートして次のように処理します。

SAMPLE CODE pages/post/[slug].tsx

```
import { GetStaticPaths } from 'next';
import { getPosts } from '..';

type StaticPathsParams = {
    slug: string;
};

export const getStaticPaths: GetStaticPaths<
    StaticPathsParams
> = async () => {
    const posts = await getPosts(); // ❶
    const paths: {
        params: { slug: string };
    }[] = [];
    posts.forEach((post) => {
        const slug = post.slug;
        if (slug) {
            paths.push({
                params: {
                    slug
                }
            });
        }
    }); // ❷
    return { paths, fallback: 'blocking' };
};
```

❶で関数化したページの一覧取得処理を実行しています。 getStaticPaths の戻り値は paths と fallback の2つのプロパティを持つオブジェクトです。 paths は { params: { slug: 'testpage1' } } のようなオブジェクトの配列で、fallback は false か 'blocking' を指定します。 posts 配列から❷で戻り値となるオブジェクトを整形しています。

fallback に false を指定すると、paths に含まれないURLにアクセスした場合に404ページを表示します。'blocking' を指定すると、paths に含まれないURLにアクセスした場合にそのURLのページを生成するまでレスポンスを返さないようにします。

戻り値の paths 配列の数だけ [slug] の値に対応したURLのページをレンダリングすることができます。生成した各ページの getStaticProps に slug の値が渡されます。その値に対応したNotionのページの内容を取得/表示するために、まず getPosts 関数を指定した slug の値でページが検索できるように修正しましょう。

SAMPLE CODE pages/index.tsx

```
import { QueryDatabaseResponse }
    from '@notionhq/client/build/src/api-endpoints';

export const getPosts = async (slug?: string) => {
    let database: QueryDatabaseResponse | undefined = undefined;
    // ❶
    if (slug) {
        database = await notion.databases.query({
            database_id: process.env.NOTION_DATABASE_ID || '',
            filter: {
                and: [
                    {
                        property: 'Slug',
                        rich_text: {
                            equals: slug
                        }
                    } // ❷
                ]
            }
        });
        // ❸
    } else {
        database = await notion.databases.query({
            database_id: process.env.NOTION_DATABASE_ID || '',
            filter: {
                and: [
                    {
                        property: 'Published',
                        checkbox: {
                            equals: true
                        }
                    }
                ]
```

```
            },
            sorts: [
                {
                    timestamp: 'created_time',
                    direction: 'descending'
                }
            ]
        });
    }
    if (!database) return [];
    const posts: Post[] = [];
    database.results.forEach((page, index) => {
        // 省略
    });
    return posts;
};
```

❶で引数で slug 引数が指定された場合の分岐を作ります。❷でデータベース内の指定された slug が一致するページだけを取得します。引数で slug が指定されない場合は今まで通りデータベースのすべてのページを取得します(❸)。

次に getPosts 関数で取得したNotionページの内容(ブロック)を取得する処理も関数化しましょう。次のような内容になります。

SAMPLE CODE pages/index.tsx

```
export const getPostContents = async (post: Post) => {
    const blockResponse = await notion.blocks.children.list({
        block_id: post.id
    });
    const contents: Content[] = [];
    blockResponse.results.forEach((block) => {
        if (!('type' in block)) {
            return;
        }
        switch (block.type) {
            case 'paragraph':
                contents.push({
                    type: 'paragraph',
                    text:
                        block.paragraph.rich_text[0]
                            ?.plain_text ?? null
                });
                break;
            case 'heading_2':
```

```
                contents.push({
                    type: 'heading_2',
                    text:
                        block.heading_2.rich_text[0]
                            ?.plain_text ?? null
                });
                break;
            case 'heading_3':
                contents.push({
                    type: 'heading_3',
                    text:
                        block.heading_3.rich_text[0]
                            ?.plain_text ?? null
                });
                break;
            case 'quote':
                contents.push({
                    type: 'quote',
                    text:
                        block.quote.rich_text[0]?.plain_text ??
                        null
                });
                break;
            case 'code':
                contents.push({
                    type: 'code',
                    text:
                        block.code.rich_text[0]?.plain_text ??
                        null,
                    language: block.code.language
                });
        }
    });
    return contents;
};
```

`pages/post/[slug].tsx` の `getStaticProps` ではこれらの関数を利用して次のように目的の `slug` の値を持ったページの情報を取得します。

SAMPLE CODE pages/post/[slug].tsx

```
import { GetStaticProps } from 'next';
import { Post, getPostContents, getPosts } from '..';
```

```
type StaticProps = {
    post?: Post;
};

export const getStaticProps: GetStaticProps<
    StaticProps,
    StaticPathsParams // ❷
> = async ({
    params, // ❶
    preview
}) => {
    const notFoundProps = {
        props: {},
        redirect: {
            destination: '/404'
        }
    };
    if (!params) {
        return notFoundProps;
    }
    const { slug } = params; // ❸
    const posts = await getPosts(slug);
    const post = posts.shift();
    if (!post) {
        return notFoundProps;
    }
    const contents = await getPostContents(post);
    post.contents = contents;
    return {
        props: {
            post
        }
    };
};
```

slug の値は getStaticProps の引数の params に入っています(❶)。params の型は GetStaticProps の型引数の2つ目で指定することができます(❷)。 getStaticPaths の戻り値の型として指定した StaticPathsParams 型を指定します。❸で params から slug の値を取り出して処理していきます。

Reactコンポーネントは `index.tsx` のものと同様に次のように引数として `post` の内容を受け取ります。

SAMPLE CODE pages/post/[slug].tsx

```
import { NextPage } from 'next';

const PostPage: NextPage<StaticProps> = ({ post }) => {
    if (!post) return null;
    return <div>{JSON.stringify(post)}</div>; // ❶
};

export default PostPage;
```

確認のため、文字列にして画面に表示してみましょう(❶)。`http://localhost:3000/post/testpage1` にアクセスすると画面に取得したJSONが表示されているはずです。

`pages/index.tsx` の `getStaticProps` も `getPosts` と `getPostContents` を利用して次のように修正することができます。

SAMPLE CODE pages/index.tsx

```
export const getStaticProps: GetStaticProps<
    StaticProps
> = async () => {
    const posts = await getPosts();
    const contentsList = await Promise.all(
        posts.map((post) => {
            return getPostContents(post); // ❶
        })
    );
    posts.forEach((post, index) => {
        post.contents = contentsList[index];
    }); // ❷
    return {
        props: { posts }
    };
};
```

`getPostContents` がasync関数なので `Promise.all()` を使って並列処理しています(❶)。❷で `posts` 配列のそれぞれの要素に対応する `contents` プロパティを追加しています。

ページ遷移

トップページから個別のページにアクセスできるようにリンクを作成しましょう。Next.jsではリンクは `next/link` モジュールの `Link` コンポーネントを使って実装します。 `index.tsx` のコンポーネント部分を次のように修正します。

SAMPLE CODE pages/index.tsx

```
import Link from 'next/link';

const Home: NextPage<StaticProps> = ({ posts }) => {
    return (
        <div className={styles.wrapper}>
            {posts.map((post) => (
                <div className={styles.post} key={post.id}>
                    <h1 className={styles.title}>
                        <Link
                            href={`/post/${encodeURIComponent(
                                post.slug ?? ''
                            )}`}
                        >
                            {post.title}
                        </Link>
                    </h1>
                    {/* 省略 */}
                </div>
            ))}
        </div>
    );
};
```

これによって各ページのタイトルをクリックするとそれぞれのページを個別でレンダリングしているURLに遷移することができるようになりました。

`Link` コンポーネントを使うことでシングルページアプリケーションのように擬似的なページ遷移を行うことができます。そうすることで遷移先のページ全体を取得するのではなく、差分のJavaScriptやCSSファイルだけを取得します。通常の `a` タグを使った遷移ではアプリケーション全体を動作させるJavaScriptを再度、取得し直すことになり非効率的です。

また、この `Link` コンポーネントには画面に表示された段階であらかじめリンク先のリソースを取得しておく機能があります。SSRもその段階で開始されます。この機能によってユーザーが実際にリンクをクリックした際の遷移の速度が向上します。

コンポーネントの切り出し

次に、`index.tsx` と同様に、`post/[slug].tsx` をスタイリングしていきましょう。`index.tsx` と同じような要素が登場するのでコンポーネントとして共通化していきます。HTML要素(JSX)要素をコンポーネントとして切り出して合理的に記述できるのがReactの強みです。

簡単な例として `wrapper` というクラス名をつけた大枠の部分をコンポーネントに切り出してみましょう。`lib/component/Layout/index.tsx` を作成して次のように記述します。

SAMPLE CODE lib/component/Layout/index.tsx

```
import { FunctionComponent, ReactNode } from 'react';
import styles from './index.module.css'; // ❸

// ❶
export const Layout: FunctionComponent<{
    children: ReactNode; // ❷
}> = ({ children }) => {
    return <div className={styles.wrapper}>{children}</div>;
};
```

Reactコンポーネントの型は `FunctionComponent` で定義します(❶)。型引数でコンポーネントの引数のオブジェクトを指定します。JSXで指定した引数は必ずオブジェクトの形式でコンポーネントに渡されます。子コンポーネントもこの引数のオブジェクトに含まれています。`ReactNode` 型の引数の `children` がそれに当たります(❷)。

同じディレクトリにスタイルシートも配置します。`lib/component/Layout/index.module.css` を作成して次のように記述してください。コンポーネントでは❸でこのスタイルシートをインポートしています。

SAMPLE CODE lib/component/Layout/index.module.css

```
.wrapper {
    max-width: 800px;
    min-height: 100vh;
    margin: 0 auto;
}
```

`pages/index.tsx` の `Home` コンポーネントで次のように `Layout` コンポーネントを利用します。

SAMPLE CODE pages/index.tsx

```
import { Layout } from '../lib/component/Layout';

const Home: NextPage<StaticProps> = ({ posts }) => {
```

```
    return (
        <Layout>
            {posts.map((post) => (
                <div className={styles.post} key={post.id}>
                    {/* 省略 */}
                </div>
            ))}
        </Layout>
    );
};
```

次にページの内容を表示する部分もコンポーネントにしましょう。`lib/component/Post/index.tsx` を作成して次のように記述します。

SAMPLE CODE lib/component/Post/index.tsx

```
import dayjs from 'dayjs';
import Link from 'next/link';
import { FunctionComponent } from 'react';
import { Post } from '../../../pages';
import styles from './index.module.css';

export const PostComponent: FunctionComponent<{
    post: Post;
}> = ({ post }) => {
    return (
        <div className={styles.post} key={post.id}>
            <h1 className={styles.title}>
                <Link
                    href={`/post/${encodeURIComponent(
                        post.slug ?? ''
                    )}`}
                >
                    {post.title}
                </Link>
            </h1>
            <div className={styles.timestampWrapper}>
                <div>
                    <div className={styles.timestamp}>
                        作成日時:{' '}
                        {dayjs(post.createdTs).format(
                            'YYYY-MM-DD HH:mm:ss'
                        )}
                    </div>
```

```
          <div className={styles.timestamp}>
            更新日時:{' '}
            {dayjs(post.lastEditedTs).format(
              'YYYY-MM-DD HH:mm:ss'
            )}
          </div>
        </div>
      </div>
      <div>
        {post.contents.map((content, index) => {
          const key = `${post.id}_${index}`;
          switch (content.type) {
            case 'heading_2':
              return (
                <h2
                  key={key}
                  className={styles.heading2}
                >
                  {content.text}
                </h2>
              );
            case 'heading_3':
              return (
                <h3
                  key={key}
                  className={styles.heading3}
                >
                  {content.text}
                </h3>
              );
            case 'paragraph':
              return (
                <p
                  key={key}
                  className={styles.paragraph}
                >
                  {content.text}
                </p>
              );
            case 'code':
              return (
                <pre
                  key={key}
```

```
                    className={`
                        ${styles.code}
                        lang-${content.language}
                    `}
                >
                    <code>{content.text}</code>
                </pre>
            );
        case 'quote':
            return (
                <blockquote
                    key={key}
                    className={styles.quote}
                >
                    {content.text}
                </blockquote>
            );
        }
    })}
    </div>
  </div>
 );
};
```

このコンポーネントは表示内容の `post` を引数に取ります。

スタイルシート（`lib/component/Post/index.module.css`）は次のようになります。

SAMPLE CODE lib/component/Post/index.module.css

```
.post {
    padding: 8px;
    margin-bottom: 16px;
}

.title {
    font-size: 24px;
    font-weight: 700;
    margin: 16px 0;
}

.timestampWrapper {
    display: flex;
    justify-content: flex-end;
```

```
    margin-bottom: 8px;
}

.timestamp {
    margin-bottom: 4px;
    font-size: 14px;
}

.heading2 {
    font-weight: 500;
    font-size: 20px;
    margin: 8px 0;
}

.heading3 {
    font-weight: 500;
    font-size: 18px;
    margin: 8px 0;
}

.paragraph {
    line-height: 24px;
}

.code {
    line-height: 24px;
    margin: 16px 0 !important;
}

.quote {
    line-height: 24px;
    font-style: italic;
    color: #d1d5db;
    margin: 0;
    padding: 0 16px;
    border-left: 2px solid #d1d5db;
}
```

pages/index.tsx の Home コンポーネントは次のようになりました。非常にすっきりしています。

SAMPLE CODE pages/index.tsx

```
import prism from 'prismjs';
import { useEffect } from 'react';
import { Layout } from '../lib/component/Layout';
import { PostComponent } from '../lib/component/Post';

const Home: NextPage<StaticProps> = ({ posts }) => {
    useEffect(() => {
        prism.highlightAll();
    }, []);

    return (
        <Layout>
            {posts.map((post) => (
                <PostComponent post={post} key={post.id} />
            ))}
        </Layout>
    );
};
```

pages/post/[slug].tsx の PostPage コンポーネントでもこれらのコンポーネントを利用できます。 pages/post/[slug].tsx では1つの post をレンダリングすればいいので、次のようになります。

SAMPLE CODE pages/post/[slug].tsx

```
import prism from 'prismjs';
import { useEffect } from 'react';
import { Layout } from '../../lib/component/Layout';
import { PostComponent } from '../../lib/component/Post';

const PostPage: NextPage<StaticProps> = ({ post }) => {
    useEffect(() => {
        prism.highlightAll();
    }, []);

    if (!post) return null;

    return (
        <Layout>
            <PostComponent post={post} />
```

```
        </Layout>
    );
};

export default PostPage;
```


ISR

各ページはSSGによってNotionのページの内容を表示します。ビルド時にNotion APIから情報を取得するので、ビルドした後にNotionを更新しても内容が反映されません。それを解決するのが**ISR機能**です。

この機能を利用するには各ページの`getStaticProps`の戻り値のオブジェクトに`revalidate`という数値を含めます。

```
export const getStaticProps: GetStaticProps<
    StaticProps
> = async () => {
    // 省略
    return {
        props: { posts },
        revalidate: 60
    };
};
```

この値が設定されていると、このページの挙動が変わります。まず最初のリクエストから指定された秒数の間はビルド時に生成された内容が表示されます。次に指定された秒数が経過した後でリクエストがあると、まずは最初のビルドの内容が表示されますがその裏で再度SSGが実行されます。最後にそのSSGが完了すると次のリクエストからは新しく生成された内容が表示されるようになります。

この機能によってSSGしてビルド時に生成した静的なページを表示させながら、随時内容を更新していくこともできるようになります。

`npm run dev`での開発サーバーでの動作では`getStaticProps`はリクエストごとに実行されます。そのため、この状態でISRの動作を確かめることはできません。一度、`npm run build`してから`npm run start`して本番モードで立ち上げるとISRが動作するようになります。Notionの側で行った変更がしばらく経過してから画面に反映される様子が観察できるでしょう。

最終的なコード

ここでは、このハンズオンで実装したコードの全体を掲載します。

ディレクトリの構成は次のようになっています（デフォルトのまま内容を変えていないファイルは省略しています）。

```
nextjs-handson1
  ├ lib
  │   └ component
  │       ├ Layout
  │       │   ├ index.module.css
  │       │   └ index.tsx
  │       └ Post
  │           ├ index.module.css
  │           └ index.tsx
  ├ pages
  │   ├ post
  │   │   └ [slug].tsx
  │   ├ _app.tsx
  │   ├ _document.tsx
  │   └ index.tsx
  ├ styles
  │   └ globals.css
  ├ .env.local
  └ .babelrc
```

各ファイルの実装は次の通りです。

SAMPLE CODE lib/component/Layout/index.module.css

```
.wrapper {
    max-width: 800px;
    min-height: 100vh;
    margin: 0 auto;
}
```

SAMPLE CODE lib/component/Layout/index.tsx

```
import { FunctionComponent, ReactNode } from 'react';
import styles from './index.module.css';

export const Layout: FunctionComponent<{
    children: ReactNode;
}> = ({ children }) => {
    return <div className={styles.wrapper}>{children}</div>;
};
```

SAMPLE CODE lib/component/Post/index.module.css

```
.post {
    padding: 8px;
    margin-bottom: 16px;
}

.title {
    font-size: 24px;
    font-weight: 700;
    margin: 16px 0;
}

.timestampWrapper {
    display: flex;
    justify-content: flex-end;
    margin-bottom: 8px;
}

.timestamp {
    margin-bottom: 4px;
    font-size: 14px;
}

.heading2 {
    font-weight: 500;
    font-size: 20px;
    margin: 8px 0;
}

.heading3 {
    font-weight: 500;
    font-size: 18px;
    margin: 8px 0;
}

.paragraph {
    line-height: 24px;
}

.code {
    line-height: 24px;
    margin: 16px 0 !important;
}
```

```
.quote {
    line-height: 24px;
    font-style: italic;
    color: #d1d5db;
    margin: 0;
    padding: 0 16px;
    border-left: 2px solid #d1d5db;
}
```

SAMPLE CODE lib/component/Post/index.tsx

```
import dayjs from 'dayjs';
import Link from 'next/link';
import { FunctionComponent } from 'react';
import { Post } from '../../../pages';
import styles from './index.module.css';

export const PostComponent: FunctionComponent<{
    post: Post;
}> = ({ post }) => {
    return (
        <div className={styles.post} key={post.id}>
            <h1 className={styles.title}>
                <Link
                    href={`/post/${encodeURIComponent(
                        post.slug ?? ''
                    )}`}
                >
                    {post.title}
                </Link>
            </h1>
            <div className={styles.timestampWrapper}>
                <div>
                    <div className={styles.timestamp}>
                        作成日時:{' '}
                        {dayjs(post.createdTs).format(
                            'YYYY-MM-DD HH:mm:ss'
                        )}
                    </div>
                    <div className={styles.timestamp}>
                        更新日時:{' '}
                        {dayjs(post.lastEditedTs).format(
                            'YYYY-MM-DD HH:mm:ss'
```

```
                )}
            </div>
        </div>
    </div>
    <div>
        {post.contents.map((content, index) => {
            const key = `${post.id}_${index}`;
            switch (content.type) {
                case 'heading_2':
                    return (
                        <h2
                            key={key}
                            className={styles.heading2}
                        >
                            {content.text}
                        </h2>
                    );
                case 'heading_3':
                    return (
                        <h3
                            key={key}
                            className={styles.heading3}
                        >
                            {content.text}
                        </h3>
                    );
                case 'paragraph':
                    return (
                        <p
                            key={key}
                            className={styles.paragraph}
                        >
                            {content.text}
                        </p>
                    );
                case 'code':
                    return (
                        <pre
                            key={key}
                            className={`
                                ${styles.code}
                                lang-${content.language}
                            `}
```

```
                        >
                            <code>{content.text}</code>
                        </pre>
                    );
                case 'quote':
                    return (
                        <blockquote
                            key={key}
                            className={styles.quote}
                        >
                            {content.text}
                        </blockquote>
                    );
            }
        })}
      </div>
    </div>
  );
};
```

SAMPLE CODE pages/[slug].tsx

```
import { GetStaticPaths, GetStaticProps, NextPage } from 'next';
import prism from 'prismjs';
import { useEffect } from 'react';
import { Post, getPostContents, getPosts } from '..';
import { Layout } from '../../lib/component/Layout';
import { PostComponent } from '../../lib/component/Post';

type StaticPathsParams = {
    slug: string;
};

type StaticProps = {
    post?: Post;
};

export const getStaticPaths: GetStaticPaths<
    StaticPathsParams
> = async () => {
    const posts = await getPosts();
    const paths: {
        params: { slug: string };
    }[] = [];
```

```
    posts.forEach((post) => {
        const slug = post.slug;
        if (slug) {
            paths.push({
                params: {
                    slug
                }
            });
        }
    });
    return { paths, fallback: 'blocking' };
};

export const getStaticProps: GetStaticProps<
    StaticProps,
    StaticPathsParams
> = async ({ params, preview }) => {
    const notFoundProps = {
        props: {},
        redirect: {
            destination: '/404'
        }
    };
    if (!params) {
        return notFoundProps;
    }
    const { slug } = params;
    const posts = await getPosts(slug);
    const post = posts.shift();
    if (!post) {
        return notFoundProps;
    }
    const contents = await getPostContents(post);
    post.contents = contents;
    return {
        props: {
            post
        },
        revalidate: 60
    };
};

const PostPage: NextPage<StaticProps> = ({ post }) => {
```

```
    useEffect(() => {
        prism.highlightAll();
    }, []);

    if (!post) return null;

    return (
        <Layout>
            <PostComponent post={post} />
        </Layout>
    );
};

export default PostPage;
```

SAMPLE CODE pages/_app.tsx

```
import type { AppProps } from 'next/app';
import '../styles/globals.css';

export default function App({
    Component,
    pageProps
}: AppProps) {
    return <Component {...pageProps} />;
}
```

SAMPLE CODE page/_document.tsx

```
import { Head, Html, Main, NextScript } from 'next/document';

const Index = () => {
    return (
        <Html>
            <Head>
                <link
                    href={
                        'https://fonts.googleapis.com/css2' +
                        '?family=Noto+Sans+JP:wght@400;500;700' +
                        '&display=swap'
                    }
                    rel="stylesheet"
                />
            </Head>
            <body>
```

```
                <Main />
                <NextScript />
            </body>
        </Html>
    );
};

export default Index;
```

SAMPLE CODE pages/index.tsx

```
import { Client } from '@notionhq/client';
import { QueryDatabaseResponse }
    from '@notionhq/client/build/src/api-endpoints';
import { GetStaticProps, NextPage } from 'next';
import prism from 'prismjs';
import { useEffect } from 'react';
import { Layout } from '../lib/component/Layout';
import { PostComponent } from '../lib/component/Post';

const notion = new Client({
    auth: process.env.NOTION_TOKEN
});

export type Content =
    | {
          type:
              | 'paragraph'
              | 'quote'
              | 'heading_2'
              | 'heading_3';
          text: string | null;
      }
    | {
          type: 'code';
          text: string | null;
          language: string | null;
      };

export type Post = {
    id: string;
    title: string | null;
    slug: string | null;
    createdTs: string | null;
```

```
    lastEditedTs: string | null;
    contents: Content[];
};

type StaticProps = {
    posts: Post[];
};

export const getPosts = async (slug?: string) => {
    let database: QueryDatabaseResponse | undefined = undefined;
    if (slug) {
        database = await notion.databases.query({
            database_id: process.env.NOTION_DATABASE_ID || '',
            filter: {
                and: [
                    {
                        property: 'Slug',
                        rich_text: {
                            equals: slug
                        }
                    }
                ]
            }
        });
    } else {
        database = await notion.databases.query({
            database_id: process.env.NOTION_DATABASE_ID || '',
            filter: {
                and: [
                    {
                        property: 'Published',
                        checkbox: {
                            equals: true
                        }
                    }
                ]
            },
            sorts: [
                {
                    timestamp: 'created_time',
                    direction: 'descending'
                }
            ]
```

```
        });
    }
    if (!database) return [];
    const posts: Post[] = [];
    database.results.forEach((page, index) => {
        if (!('properties' in page)) {
            posts.push({
                id: page.id,
                title: null,
                slug: null,
                createdTs: null,
                lastEditedTs: null,
                contents: []
            });
            return;
        }
        let title: string | null = null;
        if (page.properties['Name'].type === 'title') {
            title =
                page.properties['Name'].title[0]?.plain_text ??
                null;
        }
        let slug: string | null = null;
        if (page.properties['Slug'].type === 'rich_text') {
            slug =
                page.properties['Slug'].rich_text[0]
                    ?.plain_text ?? null;
        }
        posts.push({
            id: page.id,
            title,
            slug,
            createdTs: page.created_time,
            lastEditedTs: page.last_edited_time,
            contents: []
        });
    });
    return posts;
};

export const getPostContents = async (post: Post) => {
    const blockResponse = await notion.blocks.children.list({
        block_id: post.id
```

```
});
const contents: Content[] = [];
blockResponse.results.forEach((block) => {
    if (!('type' in block)) {
        return;
    }
    switch (block.type) {
        case 'paragraph':
            contents.push({
                type: 'paragraph',
                text:
                    block.paragraph.rich_text[0]
                        ?.plain_text ?? null
            });
            break;
        case 'heading_2':
            contents.push({
                type: 'heading_2',
                text:
                    block.heading_2.rich_text[0]
                        ?.plain_text ?? null
            });
            break;
        case 'heading_3':
            contents.push({
                type: 'heading_3',
                text:
                    block.heading_3.rich_text[0]
                        ?.plain_text ?? null
            });
            break;
        case 'quote':
            contents.push({
                type: 'quote',
                text:
                    block.quote.rich_text[0]?.plain_text ??
                    null
            });
            break;
        case 'code':
            contents.push({
                type: 'code',
                text:
```

```
                                block.code.rich_text[0]?.plain_text ??
                                null,
                            language: block.code.language
                        });
                }
        });
        return contents;
};

export const getStaticProps: GetStaticProps<
    StaticProps
> = async () => {
    const posts = await getPosts();
    const contentsList = await Promise.all(
        posts.map((post) => {
            return getPostContents(post);
        })
    );
    posts.forEach((post, index) => {
        post.contents = contentsList[index];
    });
    return {
        props: { posts },
        revalidate: 60
    };
};

const Home: NextPage<StaticProps> = ({ posts }) => {
    useEffect(() => {
        prism.highlightAll();
    }, []);

    return (
        <Layout>
            {posts.map((post) => (
                <PostComponent post={post} key={post.id} />
            ))}
        </Layout>
    );
};

export default Home;
```

SAMPLE CODE styles/globals.css

```
html {
    color-scheme: dark;
}

body {
    padding: 0;
    margin: 0;
    font-family: 'Noto Sans JP', -apple-system, BlinkMacSystemFont,
        Segoe UI, Roboto, Oxygen, Ubuntu, Cantarell, Fira Sans, Droid
            Sans, Helvetica Neue, sans-serif;
}

a {
    color: inherit;
    text-decoration: none;
}

* {
    box-sizing: border-box;
}
```

SAMPLE CODE .env.local

```
NOTION_TOKEN="sample"
NOTION_DATABASE_ID="sample"
```

SAMPLE CODE .babelrc

```
{
    "presets": ["next/babel"],
    "plugins": [
        [
            "prismjs",
            {
                "languages": [
                    "javascript",
                    "css",
                    "markup",
                    "bash",
                    "graphql",
                    "json",
                    "markdown",
                    "python",
                    "jsx",
```

```
                "tsx",
                "sql",
                "typescript",
                "yaml",
                "rust",
                "java"
            ],
            "plugins": [],
            "theme": "tomorrow",
            "css": true
        }
    ]
  ]
}
```


参考文献

本節の参考文献は次の通りです。

- For fast and secure sites | Jamstack
  URL https://jamstack.org/

- Noto Sans Japanese - Google Fonts
  URL https://fonts.google.com/noto/specimen/Noto+Sans+JP

Vercelへのデプロイ

Next.jsで実装したアプリケーションをWeb上で公開する方法について理解するため、前節までのハンズオンで作成したNotionのページを表示するアプリケーションをVercelにデプロイしていきます。

Vercelとは

VercelはNext.jsを開発しているVercel社が運営しているIaaSです。GitHubなどのリポジトリを連携することでNext.jsなどのプロジェクトのコードを連携、ビルド、サーバーへのデプロイ、ホスティングを行ってくれます。いくつか制約はあるものの、基本的に無料でアプリケーションをデプロイすることができます。

- Vercel: Develop. Preview. Ship. For the best frontend teams
  URL https://vercel.com/

Vercelへのデプロイ

今回はGitHub経由でデプロイします。GitHubにリポジトリを作成し、前節のハンズオンで作成したNext.jsのプロジェクトをアップロードしておいてください。

まずVercelにサインアップします。下記のリンクからアクセスして「Hobby」を選択し、アカウント名を入力してください。

- Sign Up - Vercel
  URL https://vercel.com/signup

次にGitHubのアカウントと連携します。GitHubにもログインした状態で「Continue with GitHub」を選んで表示されるポップアップから連携を許可してください。

プロジェクト新規作成画面が開きます。「Select a Git Namespace」から「Add GitHub Account」を選択して、GitHubアカウントにVercelのアプリケーションをインストールします。同じくポップアップから連携を許可するとGitHubに作成したリポジトリが表示されるようになります。

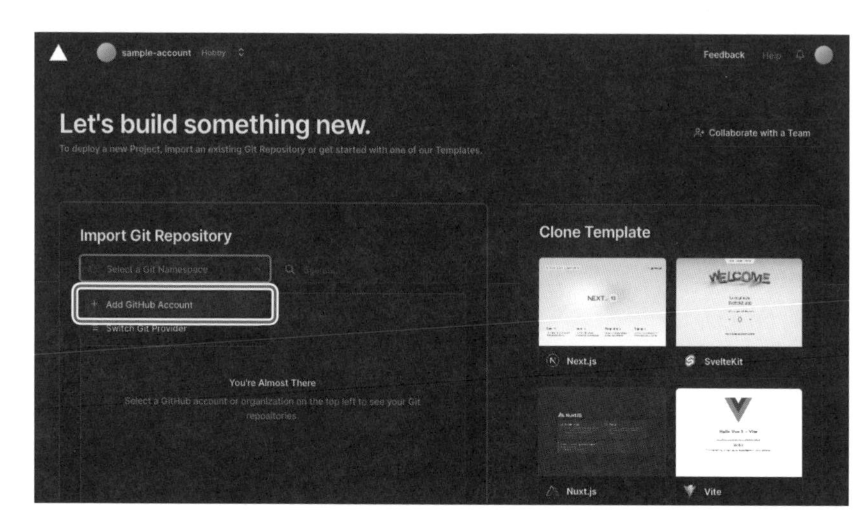

次に今回のハンズオンで作成したコードを置いたリポジトリを選択します。デプロイ設定画面に移動し、Next.jsのプロジェクトであることを自動で検知してビルド／実行コマンドを設定してくれます。

基本的に連携させてそのまま「Deploy」ボタンをクリックすれば完了しますが、今回はgitリポジトリに含めていない環境変数の設定を行う必要があります。`.env.local`に記述した`NOTION_TOKEN`と`NOTION_DATABASE_ID`の値をVercelのプロジェクトで設定します。デプロイ画面の「Environment Variables」項目に名前と値をそれぞれ設定してください。環境変数の値は暗号化されて保存されます。

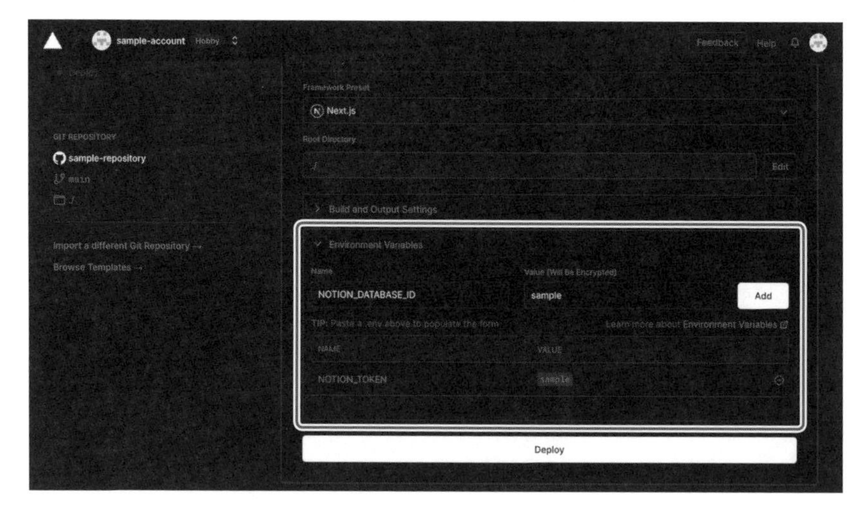

後は「Deploy」ボタンをクリックするだけで完了です。ビルドとデプロイが完了次第、URLが発行されるのでそこにアクセスして実装した画面が表示されることを確かめてみてください。完了画面のスクリーンショットをクリックするとデプロイされたアプリケーションのリンクが開きます。

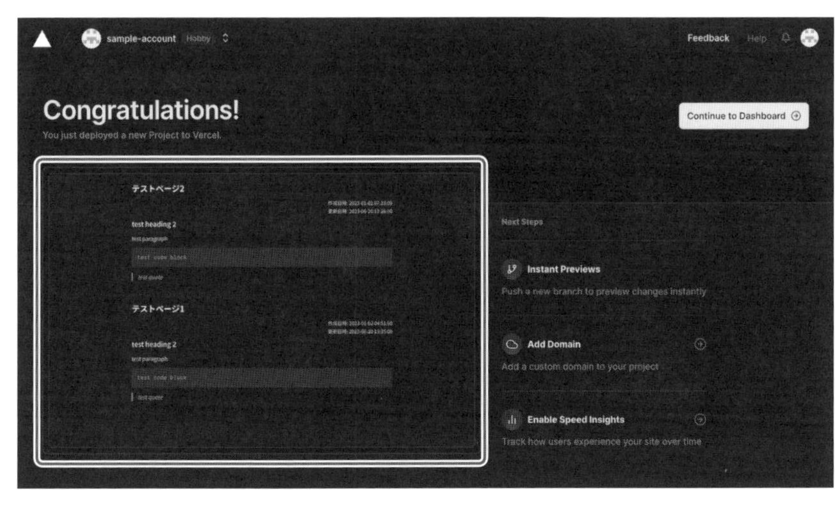

GitHubと連携させていると、プッシュするごとに自動で再デプロイが行われます。`main`ブランチにプッシュされた内容がプロダクションの内容と見なされ、メインのドメインでホスティングされます（それ以外のブランチをプロダクションのブランチに設定することもできます）。それ以外にも各ブランチやビルドごとにURLが割り当てられるのでそれぞれをブラウザ上で確認することもできます。

前節のハンズオンでは利用しませんでしたが、Next.jsのAPIルートはAWS Lambdaのようなサーバーレスの関数としてデプロイされています。また、Next.jsのページ自体もCDNを活用して高速に配信できる環境を自動で整えてくれます。定型なプロジェクトをデプロイするだけなら簡単かつ高機能なのでVercelを利用するのが非常におすすめです。

ドメインの設定

Vercelでは自動で割り当てられるドメイン以外に自分で用意したドメインを割り当てる機能もあります。ダッシュボードからプロジェクトを選択して「Setting」→「Domain」を選択します。アプリケーションに割り当てたいドメインを入力して「Add」ボタンをクリックするとそのドメインがプロジェクトに紐付きます。そのままだと名前解決ができないので、自分のドメインのDNS設定でVercelの画面に表示されたCNAMEレコードを追加します。正しく設定できていれば画面上で「Valid Configuration」という表示になります。

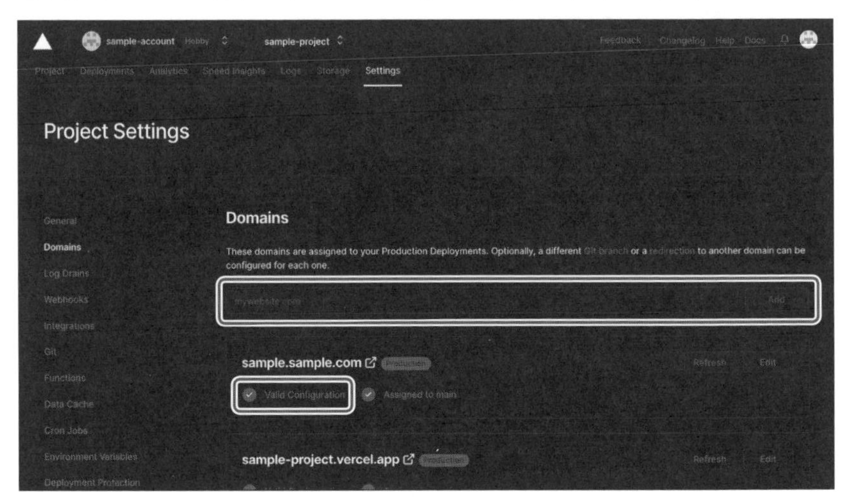

CHAPTER 03

ReactとNext.jsの進化

本章では大きなアップデートがあったReact 18とそれを反映したNext.js 13について解説していきます。並行レンダリングやサーバーコンポーネントといった概念を理解し、ReactとNext.jsの最新機能を使ってさらにパフォーマンスの高いアプリケーションを実装するための知識を習得していきましょう。次章ではこれらの新機能を用いたアプリケーションを実装するハンズオンを行います。

React 18

本節ではReact 18の新機能について解説していきます。React 18ではこれまでにはなかった並行レンダリングという新しい概念が登場します。この概念を理解し、Next.js 13の新しい機能を利用する準備を整えていきましょう。

React 18とは

2022年3月にReactのメジャーバージョンの18がリリースされました。それまでの数年でReactは大きな機能的変更を行っていませんでしたが、バージョン18で大規模にアップデートされることになりました。アプリケーションの表示や動作のパフォーマンスを向上させる新機能や、サーバーサイドレンダリングを強化する新機能が追加されています。以降ではそのような新機能のいくつかを**並行レンダリング**と**非同期SSR**という観点から解説していきます。

並行レンダリング

React 18での革新的なアップデートはアプリケーションのレンダリングが「並行化」された点です。18以前のReactでは一度始まったレンダリングは必ず最後まで行われてから次のレンダリングに移行していました。たとえば、ユーザーが何らかの操作を行うとReactの状態が更新されます。それに応じて再レンダリングが行われ、ユーザーの操作が画面に反映されます。その画面を見てユーザーがまた操作を行い、再レンダリングが繰り返されます。これは直列的なプロセスで、1つの状態の更新に対して一度の再レンダリングが行われその結果をもとにまた次のレンダリングが行われるようになっていました。

実はユーザーの操作には即座に画面に反映させるべきものと多少遅れても問題ないものがあります。たとえば、ドラッグして動かすスライダーの操作は即反映させる必要があります。そうしなければユーザーが何を操作しているのかわからなくなるからです。一方でスライダーの値に対応したグラフのスケール変化は後で反映しても問題ありません。反映中はローディング表示にしておけばユーザーは違和感を持たないからです。

しかしながら以前のReactではこうした後回しにできるレンダリング処理も必ず直列的に行われていました。そうするとスライダーの値の変化のそれぞれに対してグラフをスケール変更してレンダリングし、それが完了次第スライダーの値を次の値に変更するという処理になります。グラフのスケール変更の処理が重い場合スライダーの操作が滑らかでなくなってしまい、ユーザーに動作の重い印象を与えてしまいます。

下記のGitHubのReact 18についてのDiscussionsでこのような問題の実例が挙げられています。

- Real world example: adding startTransition for slow renders · reactwg/react-18 · Discussion #65

  URL https://github.com/reactwg/react-18/discussions/65

「The Problem」セクションの動画を確認するとスライダーの動作が重くなっている様子がわかります。

React 18ではこうした問題に対処するため、レンダリングを並行化して特定のレンダリングを後回しにできるようになりました。つまり、即時反映されるべきレンダリングを先に行って、後回しにしていいレンダリングはその裏で処理しておきます。後者のレンダリングが完了するまでに他の状態が変更になった場合はそのレンダリングを中止し、新しい値をもとにレンダリングをやり直します。レンダリングが完了すれば通常通り画面に反映されます。

先ほどの例でいえば、スライダーの変化を即時反映させながらグラフのスケール変更を裏側で処理することができます。グラフのレンダリング中にスライダーがさらに動かされた場合はレンダリングを中止して新しいスケールの値をもとにレンダリングを行います。先ほどのDiscussionsの「React 18 with startTransition」セクションの2つ目の動画で並行なレンダリングによってスライダーを滑らかに動かすことができるようになった例が示されています。

このようにレンダリングを並列化したことで状態の変化に対して重い副作用があっても画面操作のパフォーマンスを損なうことがなくなりました。

この機能はReactの `startTransition` という関数に後回しにしたい状態の更新処理をコールバック関数として渡すことで可能になります。

```
import { startTransition } from 'react';

// 即時反映: タイプされたものを表示する
setInputValue(input);

// トランジションの中で更新する状態をマークする
startTransition(() => {
    // トランジション: 結果を表示する
    setSearchQuery(input);
});
```

※「https://react.dev/blog/2022/03/29/react-v18#new-feature-transitions」より引用（コメントは拙訳）

非同期SSR

この並行レンダリングはサーバーサイドレンダリングでも効果を発揮します。React 18ではコンポーネント単位で非同期にサーバーサイドレンダリングを行えるようになりました。つまり、レンダリングに時間のかかるコンポーネントをサーバー側で処理している途中に画面を表示しておくことができ、また、ユーザーはその画面を操作することができます。

以前のReactでサーバーサイドレンダリングを行うとページ全体のレンダリングが完了するまでブラウザへとHTMLを送信することができませんでした。React 18では`Suspense`というコンポーネントで区切られた単位で非同期にサーバーサイドレンダリングを行います。ページ全体のレンダリングが完了していなくてもブラウザ上での表示を始めることができます。そしてレンダリング中のコンポーネントは`Suspense`の引数で指定されたローディング表示をしておき、レンダリングが完了次第置き換えられます。

こうして非同期にSSRしながら、先に読み込まれて画面に表示された部分をインタラクティブに操作することもできます。SSRしたHTMLにJavaScriptを読み込んでアプリケーションを操作可能にすることを**ハイドレーション**と呼びます。React 18ではこのハイドレーションを段階的に行うことができるようになりました。先にSSRが完了して画面に表示された部分を操作可能にすることで、SSR処理が重いコンポーネントがレンダリングされるのを待つことなくユーザーはアプリケーションを操作することができます。これは**選択的ハイドレーション**と呼ばれます。

Next.jsではこうした非同期なサーバーサイドレンダリングに対応したアップデートが行われています。それが2022年10月にリリースされたNext.js 13です。次節でそのアップデート内容を見ていきましょう。

Ⅲ 参考文献

本節の参考文献は次の通りです。

- React v18.0 – React

  URL https://react.dev/blog/2022/03/29/react-v18

- reactwg/react-18: Workgroup for React 18 release.

  URL https://github.com/reactwg/react-18

- Real world example: adding startTransition for slow renders · reactwg/react-18 · Discussion #65

  URL https://github.com/reactwg/react-18/discussions/65

- New Suspense SSR Architecture in React 18 · reactwg/react-18 · Discussion #37

  URL https://github.com/reactwg/react-18/discussions/37

SECTION-010

Next.js 13

本節ではReact 18のアップデートに対応する形でリリースされたNext.js 13の新機能について解説していきます。ルーティングの仕組みの更新やサーバーコンポーネント、動的/静的レンダリングという新しい概念について理解していきましょう。これらの機能を使ってより柔軟かつ便利にサーバーサイドレンダリングを活用したアプリケーションを実装することができるようになります。

Next.js 13とは

2022年10月にNext.jsのメジャーバージョン13がリリースされました。その後もいくつかマイナーバージョンがリリースされていますが、2023年5月時点での最新のメジャーバージョンです。

このNext.js 13ではこれまでのNext.jsの常識を一新するアップデートが行われています。まずファイルベースルーティングの仕組みが大幅に見直されました。Next.js 13のリリースに先立ってLayouts RFC(https://nextjs.org/blog/layouts-rfc)が公開されていました。ここでのRFC(Request for Comment)は本来的な意味で、新しい仕様のリリース前にその仕様だけ先に公開して議論しようというものです。GitHub上でもその仕様について盛んに議論が行われていました(https://github.com/vercel/next.js/discussions/37136)。この仕様はいくつかをブラッシュアップさせながらNext.js 13の**App Router**という機能としてリリースされるに至りました。

Next.js 13のApp Router機能を公式ドキュメントで参照する場合は、ページ左部のメニューで「Using App Router」を選択してください。

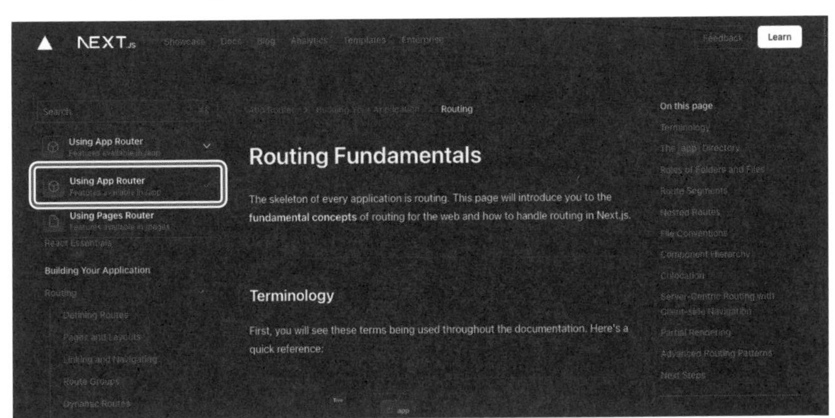

App Routerについてのドキュメントは次のようにURLの先頭が `nextjs.org/docs/app` となっています。

URL https://nextjs.org/docs/app/building-your-application/routing

App Router

Next.js 13のApp Router機能を利用するためには、従来の pages ディレクトリではなく app ディレクトリにソースコードを配置していきます。逆に pages ディレクトリに配置されたコードはこれまでのNext.jsと同様に動作します（区別するため、「Pages Router」と呼ばれます）。

App RouterではフォルダがURLに対応するようになりました。これまで /dashboard というURLのページ（ルート）は pages/dashboard.tsx というファイルのコンポーネントがレンダリングされていました。App Routerでは app/dashboard というフォルダがこのURLに対応します。そしてページの表示内容は app/dashboard/page.tsx に記述します。

URLに対応するものがファイルからフォルダに変わったことで、そのページで使われれるコンポーネントやスタイルシート、テストコードをそこに配置することができるようになりました。

また、App Routerではフォルダ内に layout.tsx や loading.tsx 、error.tsx といった特殊なファイルを配置することができます。

```
app
  ├ dashboard
  |   └ page.tsx
  ├ error.tsx
  ├ layout.tsx
  ├ loading.tsx
  └ page.tsx
```

layout.tsx はそのフォルダとその配下のフォルダに対応するページに共通のUIを記述することができます。配下のURLでもその内容が表示され、またその領域内でのページ遷移の前後で layout.tsx 内のReactの状態が保持されます。さらに子となるフォルダに layout.tsx を配置してネストしたレイアウトを定義することできます。

```
export default function DashboardLayout({
    children // ページやネストされたレイアウト
}: {
    children: React.ReactNode;
}) {
    return (
        <section>
            {/* 共有されたUIをここに記述する(例: ヘッダーやサイドバー) */}
            <nav></nav>
            {children}
        </section>
    );
}
```

※「https://nextjs.org/docs/app/building-your-application/routing/pages-and-layouts#layouts」より引用（コメントは拙訳）

`loading.tsx` と `error.tsx` はそれぞれReactの `Suspense` と `ErrorBoundary` として機能します。 `loading.tsx` はそのルートや配下のコンポーネントがサーバーコンポーネント(後述)であった場合にそのレンダリング処理中に表示するUIを定義できます。ルートではなくコンポーネント単位で細かくローディング表示を処理したい場合は自分で `Suspense` コンポーネントを配置することもできます。 `error.tsx` はそのルートや配下のコンポーネントが例外を発生させた際に表示するUIを定義できます。

レンダリング

次にApp Routerでのレンダリングについて見ていきましょう。App RouterではReact 18の新機能であるサーバーコンポーネントや、それらを静的/動的にレンダリングする機能が追加されています。また、サーバーコンポーネントではバックエンドからデータを取得する方法も新しくなりました。

▶サーバーコンポーネント/クライアントコンポーネント

App Routerのコンポーネントはすべてデフォルトでサーバーコンポーネントとして処理されます。サーバーコンポーネントはReact 18の新機能でコンポーネント単位でサーバーサイドレンダリングが行われ、その処理結果がブラウザに配信される仕組みです。この仕組みの利点は次の3つです。

- 配信バンドルが軽量
- 非同期にレンダリングすることができる
- バックエンドに直接アクセスできる

サーバーコンポーネントは処理結果だけをブラウザに送信します。たとえば、日付処理のために外部ライブラリをインストールして利用したとしても、そのソースコード自体はブラウザに送信されません。これによってブラウザに送信するファイルの容量が削減されパフォーマンスを向上させることができます。

後述するようにサーバーコンポーネントはコンポーネント単位で非同期にレンダリングしてブラウザで表示することができます。これはReact 18が可能にした新機能です。これにより前節で言及したように、レンダリングが完了したコンポーネントを段階的に画面表示し、操作させることも可能になります。

さらにサーバーコンポーネントからデータベースなどバックエンドのリソースへと直接アクセスすることができます。たとえば、AWSのプライベートネットワーク内に配置したデータベースに(同じネットワーク内でNext.jsを動作させていれば)直接アクセスしてデータを取得することができます。これまでAPIルートか別のAPIサーバーでしかできなかったことがコンポーネント内で可能になるわけです。

また、サーバーコンポーネントのソースコードはブラウザに送信されないので、コンポーネント内でデータベースのパスワードなど、機密情報を扱っても問題ありません。ただし、その機密情報を含んだ関数などが後述するクライアントコンポーネントにインポートされてしまった場合はブラウザに送信されてしまいます。前章のハンズオンで行ったように基本的に機密情報は環境変数に記述するようにしましょう。先頭に `NEXT_PUBLIC` と付けていない環境変数はサーバー側でしか利用できない仕組みになっているので安全に扱うことができます。

一方でサーバーコンポーネントにはデメリットがあります。1つはブラウザAPIが利用できないという点です。つまりイベントハンドラの登録やDOMの操作などが行えないということです。もう1つにReactの状態や `useEffect` やライフサイクルフックが利用できません。こうした点からサーバーコンポーネントはUIというよりデータの純粋なビューに近いものと考えることができます。

従来通りのコンポーネントを実装するためにはファイルの先頭に `'use client';` と記述します。そのようなコンポーネントはクライアント側でレンダリングされるので、上記のサーバーコンポーネントのデメリットを持ちません。当然ですが、その代わりバックエンドへの直接のアクセスはできません。こうしたコンポーネントはサーバーコンポーネントとの区別のためにクライアントコンポーネントと呼ばれます。

▶静的レンダリング／動的レンダリング

Pages Routerではサーバーサイドレンダリングと静的サイト生成それぞれに専用のデータ取得関数がありました。`getServerSideProps` と `getStaticProps` です。これらはルート単位でデータを取得し、レンダリング方法を決める関数でした。App Routerではコンポーネント単位でサーバーサイドレンダリングが行われるので仕様が見直されることになりました。

App Routerではデータの取得はサーバーコンポーネントで直接 `fetch()` を実行することで行われます。この `fetch()` はブラウザ標準のHTTPリクエスト関数ですが、Next.jsが独自に拡張してレスポンスをキャッシュする機能が追加されています。デフォルトではビルド時に `fetch()` が実行されてレスポンスがキャッシュされます。そのレスポンスを含めてコンポーネントがあらかじめレンダリングされ、ブラウザからのリクエストに対して送信されます。これは静的サイト生成と同様の挙動です。App Routerではこのような処理を静的レンダリングと呼びます。

`fetch()` の引数によって `revalidate` の設定を行うと、Incremental Static Regeneration（ISR）の設定になります。つまりビルド時にキャッシュを行いつつ、定期的にキャッシュ内容を更新する挙動です。

```
const res = await fetch('https://...', {
    next: { revalidate: 10 }
});
```

※「https://nextjs.org/docs/app/building-your-application/data-fetching/caching」より引用

同様に `cache: 'no-store'` と指定するとブラウザからのリクエストごとにコンポーネントがサーバーサイドレンダリングされます。こちらを特にApp Routerでは動的レンダリングと呼びます。この動的レンダリングはブラウザからのリクエスト内容をもとにコンポーネント内容を決定する必要がある際にも利用されます。たとえば、Cookieなどリクエストヘッダーの内容や、URLのパラメーターを参照するコンポーネントでこうした挙動になります。Next.jsは `fetch()` の設定や `cookies()` 、`headers()` という動的関数と呼ばれるAPIを利用していることを条件として自動で動的レンダリングに切り替えてくれます。

▶データ取得

サーバーコンポーネントは非同期関数として定義することができるため、コンポーネント内で非同期関数をawaitすることができます。つまり `fetch()` を直接awaitして取得したデータを取り出すことがでます。

```
async function getData() {
    const res = await fetch('https://api.example.com/...');
    // 省略
    return res.json();
}

export default async function Page() {
    const data = await getData();
    return <main></main>;
}
```

※「https://nextjs.org/docs/app/building-your-application/data-fetching/fetching#async-and-await-in-server-components」より引用

先述の通り、`fetch()` は取得結果をキャッシュすることができます。その際のキャッシュの設定によって静的レンダリングと動的レンダリングが切り替わります。

この非同期なサーバーコンポーネントのレンダリングを `React.Suspense` を使って待機し、ローディング表示にすることができます。ルート単位でなら先述の `loading.tsx` を利用することもできます。この非同期なレンダリングはReact 18の機能を利用しており、サーバーサイドレンダリング中のコンポーネントの完成を待たずにアプリケーションを段階的にレンダリングすることができます。またサスペンドしているコンポーネントのレンダリング中に他のコンポーネントをユーザーが操作することもできます（選択的ハイドレーション）。

```
import { Suspense } from 'react';
import { PostFeed } from './Components';

export default function Posts() {
    return (
        <section>
            <Suspense fallback={<p>Loading feed...</p>}>
```

```
                <PostFeed />
            </Suspense>
            {/* 省略 */}
        </section>
    );
}
```

※「https://nextjs.org/docs/app/building-your-application/routing/loading-ui-and-streaming」より引用

`fetch()`以外を使ったデータ取得はレンダリング方法やキャッシュには関与しません。そのルートが静的にレンダリングされるならそのデータはビルド時にキャッシュされます。次のようにルート単位で明示的にキャッシュの設定を行うこともできます。`revalidate`変数をエクスポートしておけばその値に従ってISRが設定されます。

```
import type { Post } from '@prisma/client';
import prisma from './lib/prisma';

export const revalidate = 3600; // 1時間に1回更新される

async function getPosts() {
    const posts: Post[] = await prisma.post.findMany();
    return posts;
}

export default async function Page() {
    const posts = await getPosts();
    // 省略
}
```

※「https://nextjs.org/docs/app/building-your-application/data-fetching/fetching#segment-cache-configuration」より引用(コメントは拙訳)

`revalidate`の期間を待つ以外にも任意のタイミングでキャッシュを無効化してデータを更新することもできます。ページ単位で更新するなら`revalidatePath`、キャッシュに付与したタグを指定して更新するなら`revalidateTag`を使います(キャッシュへのタグの付与は`fetch()`の引数で行います。`fetch(url, { next: { tags: [...] } });`)。

`revalidatePath`/`revalidateTag`はルートハンドラで実行することができます。ルートハンドラは従来のAPIルートに対応する機能です(詳しくは後述)。たとえば、次のような関数を`app/api/revalidate/route.ts`からエクスポートします。この処理は`api/revalidate`へのGETリクエストに対して実行されます。

```
// app/api/revalidate/route.ts

import { revalidatePath, revalidateTag } from 'next/cache';
import { NextRequest, NextResponse } from 'next/server';

export async function GET(request: NextRequest) {
    // パスを指定してページ単位でキャッシュを無効化する
    const path =
        request.nextUrl.searchParams.get('path') || '/';
    revalidatePath(path);

    // タグを指定してキャッシュを無効化する
    const tag = request.nextUrl.searchParams.get('tag');
    revalidateTag(tag);

    return NextResponse.json({
        revalidated: true,
        now: Date.now()
    });
}
```

※「https://nextjs.org/docs/app/api-reference/functions/revalidatePath」「https://nextjs.org/docs/app/api-reference/functions/revalidateTag」より引用

サーバーコンポーネントの内容を再取得して画面内容を更新するには`router.refresh()`という関数を利用します。`router`は`next/navigation`モジュールの`useRouter`フックから取得します。

```
import { useRouter } from 'next/navigation';

export default async function Page() {
    const router = useRouter(); // ❶
    return (
        <button
            onClick={() => router.refresh()} // ❷
        >
            refresh page
        </button>Docs | Next.js<
    );
}
```

❶で useRouter フックから router を取得し、❷で refresh() 関数を呼び出しています。この関数はルート内のサーバーコンポーネントの内容を再取得して画面内容を更新します。サーバーコンポーネント内でのデータ取得処理も再実行されます。一方で同じルート内のクライアントコンポーネントは再レンダリングされません。そのためクライアントコンポーネント内の状態は保持されます。

Ⅲ ダイナミックルーティング

App Routerでのダイナミックルーティングはディレクトリ名に [] 記号を利用してパラメーターにする仕様となりました。 app/blog/[slug]/page.tsx を作成するとその page.tsx のコンポーネントの引数に slug の値が入力されます。

```
export default function Page({
    params
}: {
    params: { slug: string };
}) {
    return <div>My Post: {params.slug}</div>;
}
```

※「https://nextjs.org/docs/app/building-your-application/routing/dynamic-routes#example」より引用

たとえば、/blog/a というURLへのリクエストでは slug の値は a になります。

getServerSideProps ／ getStaticProps は存在しないので、引数のパラメーターを使ってコンポーネント内で fetch() でデータ取得を行います。前述の通りデータ取得方法によって動的レンダリング／静的レンダリングが切り替わります。

```
async function getPost(params: { slug: string }) {
    const res = await fetch(
        `https://.../posts/${params.slug}`,
        {
            next: { revalidate: 10 }
        }
    );
    const post = await res.json();

    return post;
}

export default async function Page({
    params
}: {
    params: { slug: string };
```

```
}) {
    const post = await getPost(params);

    return <div>My Post: {post.title}</div>;
}
```

getStaticPaths と同様の処理は generateStaticParams という関数によって行うことができます。ダイナミックルーティングを行うファイルから次のような generateStaticParams 関数をエクスポートします。

```
export async function generateStaticParams() {
    const posts = await fetch('https://.../posts').then((res) =>
        res.json()
    );

    return posts.map((post) => ({
        slug: post.slug
    }));
}
```

※「https://nextjs.org/docs/app/building-your-application/routing/dynamic-routes#generating-static-params」より引用

この関数はビルド時に実行され、戻り値のオブジェクトの配列のそれぞれを引数としてコンポーネントがレンダリングされます。

Ⅲ 参考文献

本節の参考文献は次の通りです。

- Blog - Layouts RFC | Next.js
  URL https://nextjs.org/blog/layouts-rfc

- Docs | Next.js
  URL https://nextjs.org/docs

- Functions: useRouter | Next.js
  URL https://nextjs.org/docs/app/api-reference/functions/use-router

CHAPTER 04

進化したNext.jsでWebアプリを作ってみよう（ハンズオン応用編）

本章ではNext.13の新機能を活用した写真検索アプリケーションを実装するハンズオンを行います。このアプリケーションの実装を通じてサーバーコンポーネントなどのNext.js 13とApp Routerの機能をより深く理解することができます。また、Tailwind CSSなどの便利な外部ライブラリを活用したアプリケーションの実装方法を習得することができます。

セットアップ

本節ではハンズオンを行うための準備を行います。まずApp Routerを利用するNext.jsのプロジェクトの作成をします。次に外部API、外部ライブラリの利用を準備します。最後にNext.jsのプロジェクトのソースコードを整理してアプリケーションを実装できる準備を完了させます。

Next.jsのプロジェクトの作成

ハンズオンのためのNext.jsプロジェクトを作成しましょう。次のコマンドを実行します。

```
$ npx create-next-app@latest nextjs-handson2 --app --tailwind
```

コマンドラインでいくつかの設定を選択することができますが、すべてデフォルトのままでOKです。Enterキーを押して進んでください。最後のインポートエイリアスの設定は `import Hoge from '@/component/Hoge';` というようにモジュールのインポート文をプロジェクトのルートディレクトリからの絶対パスで指定できるようになる設定です。

ひとまずテンプレートのまま起動してみましょう。次のコマンドで `nextjs-handson2` ディレクトリに移動し、開発サーバーを起動します。

```
$ cd nextjs-handson2
$ npm run dev
```

`http://localhost:3000` にアクセスしてください。Next.js 13のロゴが中央に表示されたら新機能を使ったプロジェクトの作成に成功しています。

Next.js 13のプロジェクトの構造

次にNext.js 13およびApp Routerを利用するプロジェクトのテンプレートの内容を詳しく確認していきます。

▶page.tsx

まずは `app` ディレクトリ直下に配置されているファイルを見ていきましょう。このディレクトリがURLの `/` (ルート)に対応しています。 `app/page.tsx` がレンダリングされる内容を記述するファイルです。 `Home` コンポーネントがエクスポートされています。

SAMPLE CODE app/page.tsx

```
export default function Home() {
    return <main className={styles.main}>{/* ... */}</main>;
}
```

スタイルシートの globals.css も同じディレクトリに配置されています。 app ディレクトリではこのように特定のページのスタイルシートを同じディレクトリに配置することができるようになり、プロジェクト構成の見通しが良くなりました。

▶layout.tsx

また、layout.tsx も同じディレクトリにあります。 layout.tsx はアプリケーション全体で共通のレイアウトを記述するファイルです。

SAMPLE CODE app/layout.tsx

```
import './globals.css';

export const metadata = {
    title: 'Create Next App',
    description: 'Generated by create next app'
};

export default function RootLayout({
    children
}: {
    children: React.ReactNode;
}) {
    return (
        <html lang="en">
            <body>{children}</body>
        </html>
    );
}
```

アプリケーション全体で共通のスタイルシートの globals.css がインポートされています。このスタイルシートも同じディレクトリにあります。

デフォルトエクスポートされた RootLayout コンポーネントがレイアウトの本体です。各ページのコンポーネントが children 引数に渡されてレンダリングされます。ここではアプリケーション全体の大枠である html タグが記述されています。また、metadata オブジェクトもエスクポートされています。このオブジェクトに基づいてレンダリングされたHTMLの head 要素に次のようなメタタグが挿入されます。

```
<title>Create Next App</title>
<meta
    name="description"
    content="Generated by create next app"
/>
```

これらのメタタグはビルド時にあらかじめレンダリングされ、検索エンジンが見つけやすい形で提供することができます。

メタデータオブジェクトの型定義を次のようにインポートして利用することもできます。

```
import type { Metadata } from 'next';
```


▶ルートハンドラ

`app/api/hello` ディレクトリには `route.ts` ファイルが配置されています。これはルートハンドラと呼ばれる、以前のNext.jsでのAPIルートに対応するものです。このファイルからはHTTPメソッドに対応した名前の関数をエクスポートすることができます。

SAMPLE CODE app/api/hello/route.ts

```
export async function GET(request: Request) {
    return new Response('Hello, Next.js!');
}
```

テンプレートの例では `GET` 関数がエクスポートされています。この関数は対応するURLに `GET` リクエストが来た際に実行されて、戻り値の `Response` クラスインスタンスの内容に従ったレスポンスを返します。たとえば、ブラウザで `http://localhost:3000/api/hello` にアクセスすると `GET` 関数が実行され、`Hello, Next.js!` と表示されます。

Unsplash APIの利用準備

次にハンズオンで利用するUnsplash APIを利用する準備を行います。Unsplashは無料で利用できる写真のストックサービスです。

まずはUnsplashの開発者アカウントを登録しましょう。`https://unsplash.com/join` にアクセスして必要な情報を入力してください。登録したメールアドレスに確認用のメールが届くので、開いてリンクをクリックしたらアカウントの登録は完了です。

次にAPIを利用するためのアプリケーションを作成します。`https://unsplash.com/oauth/applications` にアクセスして「New Application」をクリックしてください。ガイドラインに同意して、アプリケーションの名前と説明を適当に入力すれば作成が完了します(例では名前に「nextjs-handson2」と入力しました)。

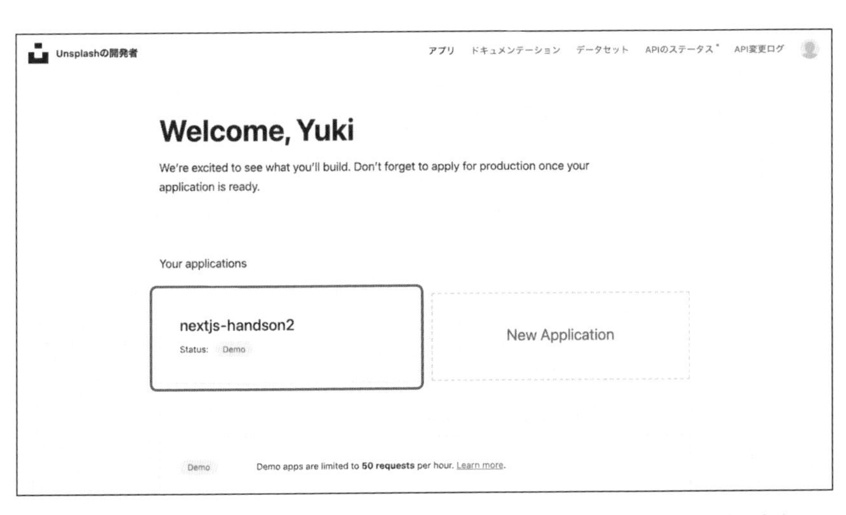

アプリケーション詳細画面をしばらくスクロールすると「Keys」という項目があります。そこに記載された「Access Key」がAPIを利用する上で必要な鍵です。

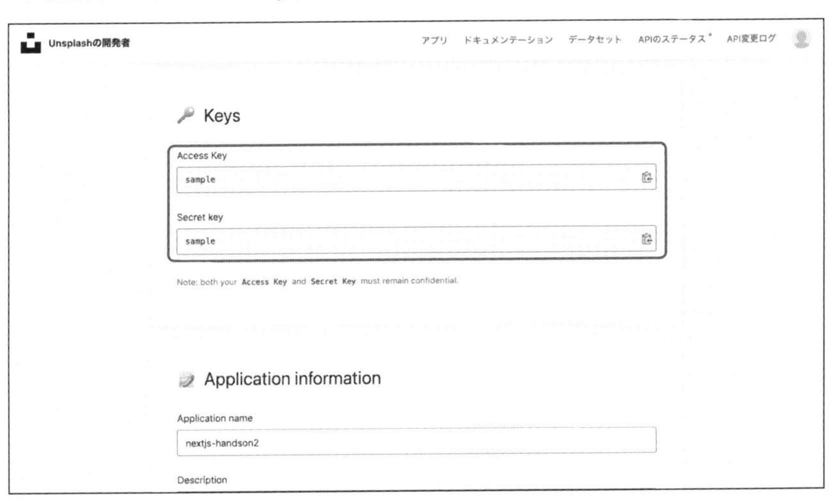

前章のハンズオンと同様にNex.jsプロジェクトに `.env.local` ファイルを作成して次のように鍵をコピー&ペーストします。

SAMPLE CODE .env.local

```
UNSPLASH_API_ACCESS_KEY="sample"
```

Tailwind CSS

今回のハンズオンでは**Tailwind CSS**というライブラリを使ってスタイリングを行っていきます。Tailwind CSSを利用すると、たとえばHTML要素のクラス名に `pt-4` といったユーティリティクラスを指定をするとそれに対応した `padding-top: 1rem` というCSSスタイルが当たります。これによって要素のスタイルの記述を簡略化できます。また、HTMLにクラス名を付与してからCSSにそれに対応するスタイルを記述する手間を削減できます。

さらに長さの単位やカラーパレットが統一されることでアプリケーション全体でスタイルに規則を持たせることができるメリットがあります。たとえば、長さでいえば1つの単位が `0.25rem` になっています(4単位で `1rem`)。任意でwidthなどを指定すると1ピクセル単位で指定できますが、そうした場合に各要素の幅を揃えるのが難しくなってしまう問題を解決しています。

Next.js 13.3から `create-next-app` コマンドでTailwind CSSのセットアップが含まれたプロジェクトが作成されるようになりました。

プロジェクト内に作成されている `tailwind.config.js` を開いてを設定を少し修正しましょう。

SAMPLE CODE tailwind.config.js

```
/** @type {import('tailwindcss').Config} */
module.exports = {
    content: [
        './pages/**/*.{js,ts,jsx,tsx}',
        './app/**/*.{js,ts,jsx,tsx}',
        './lib/**/*.{js,ts,jsx,tsx}' // ❶
    ],
    theme: {}, // ❷
    plugins: []
};
```

`content` の項目に❶の文字列を追加してください。`'./components/**/*.{js,ts,jsx,tsx}'` は削除して構いません。❷の `theme` の内容も今回は不要なので削除して大丈夫です。

Tailwind CSSの実体は各ユーティリティクラスとそのスタイルが記述された巨大なCSSファイルです。そのすべてをビルドしたアプリケーションに含めてしまうと、コードの容量が無駄に大きくなってしまいます。そこでTailwind CSSはこの設定ファイルで指定されたソースコードのJSX要素のクラス名を解析して、そこに登場したクラス名だけを含んだCSSファイルを生成します。逆にいえば、この設定ファイルで指定しなかったソースコードにTailwind CSSのクラスを記述しても要素にスタイルが適用されません。

以上のように修正した `content` 配列で `app` と `lib` というディレクトリに含まれているソースコードを対象に指定しています。 `app` ディレクトリは先述の通りApp Routerのルーティングを行うディレクトリです。 `lib` ディレクトリには共通のコンポーネントなどを配置していきます。

次に `app/globals.css` に次の記述を追加します。この記述によってTailwind CSSのスタイルシートがアプリケーションに含まれるようになり、各スタイルが有効になります。この `globals.css` が `app/layout.tsx` にインポートされているので、アプリケーション全体でTailwind CSSが有効になります。

SAMPLE CODE app/globals.css

```
@tailwind base;
@tailwind components;
@tailwind utilities;
```

最後にVS Codeを利用している場合はTailwind CSSの拡張機能「Tailwind CSS IntelliSense」をインストールしましょう。これにより、ユーティリティクラスがサジェストされたりクラス名に対応するスタイルの内容を確認したりすることができます。

- Tailwind CSS IntelliSense - Visual Studio Marketplace
  URL https://marketplace.visualstudio.com/items?itemName=bradlc.vscode-tailwindcss

React Icons

もう1つReact Iconsという外部ライブラリを追加します。このライブラリはさまざまなオープンソースのアイコンをReactコンポーネントとして利用できるようにしてくれるものです。次のコマンドでインストールします。

```
$ npm install react-icons
```

非常に豊富な種類のアイコンが含まれています。次のページで目的のアイコンを検索して利用します。

- React Icons
  URL https://react-icons.github.io/react-icons

たとえば、次のようにコンポーネントをインポートして利用できます。

```
import { FunctionComponent } from 'react';
import { VscLoading } from 'react-icons/vsc';

export const Loading: FunctionComponent = () => {
    return <VscLoading />;
};
```

プロジェクトのセットアップ

プロジェクトの見通しをよくするために、create-next-app で生成されたテンプレートの不要な部分をを削除していきましょう。まず app/page.tsx は次のような空のコンポーネントにしておいてください。

SAMPLE CODE app/page.tsx

```
const Home = () => {
    return <div></div>;
};

export default Home;
```

また app/globals.css は次のようにTailwind CSSのインポートと最低限のスタイルを記述するだけに修正してください。

SAMPLE CODE app/globals.css

```
@tailwind base;
@tailwind components;
@tailwind utilities;

* {
    box-sizing: border-box;
    padding: 0;
    margin: 0;
}

html {
    color-scheme: dark;
}

body {
    max-width: 100vw;
    overflow-x: hidden;
}

a {
    color: inherit;
    text-decoration: none;
}
```

さらに app/api/hello ディレクトリも削除しておきましょう。後で別のURLに対応するルートハンドラを追加するので、混乱を避けるためです。

次に next.config.js を次のように修正します。images の項目は、後述する next/image というモジュールに関する設定です。このモジュールで外部のドメイン（今回はUnsplashのドメイン）から取得した画像を処理するため、次の remotePatterns の設定が必要になっています。

SAMPLE CODE next.config.js

```
/** @type {import('next').NextConfig} */
const nextConfig = {
    experimental: {
        appDir: true
    },
    images: {
        remotePatterns: [
            {
                protocol: 'https',
                hostname: '**.unsplash.com'
            }
        ]
    }
};

module.exports = nextConfig;
```

参考文献

本節の参考文献は次の通りです。

- Unsplash API Documentation | Free HD Photo API | Unsplash
  URL https://unsplash.com/documentation#creating-a-developer-account
- Install Tailwind CSS with Next.js - Tailwind CSS
  URL https://tailwindcss.com/docs/guides/nextjs

写真検索アプリの実装

本節ではNext.js 13とApp Routerを活用した写真検索アプリケーションを実装していきます。App Routerの機能を利用してサーバーサイドとクライアントサイドの処理をシームレスに統合してアプリケーションを実装することができます。`next/image`や`next/font`を利用したパフォーマンスの高い実装方法も解説していきます。また、Tailwind CSSなどの外部ライブラリを活用してより便利にアプリケーションを実装する方法も習得できるようになっています。

Ⅲ アプリケーションの構成

このハンズオンではUnsplash APIから取得した写真の一覧を画面に表示するアプリケーションを実装します。アプリケーションを開いた際にはランダムに取得した画像を表示します。これらの写真はサーバーコンポーネントと静的レンダリングを活用して取得と表示を行います。また、ユーザーが検索文字列を入力するとそれに該当する写真が表示される機能があります。この検索機能はユーザーとのインタラクションが必要なのでクライアントコンポーネントとルートハンドラを使って実装します。

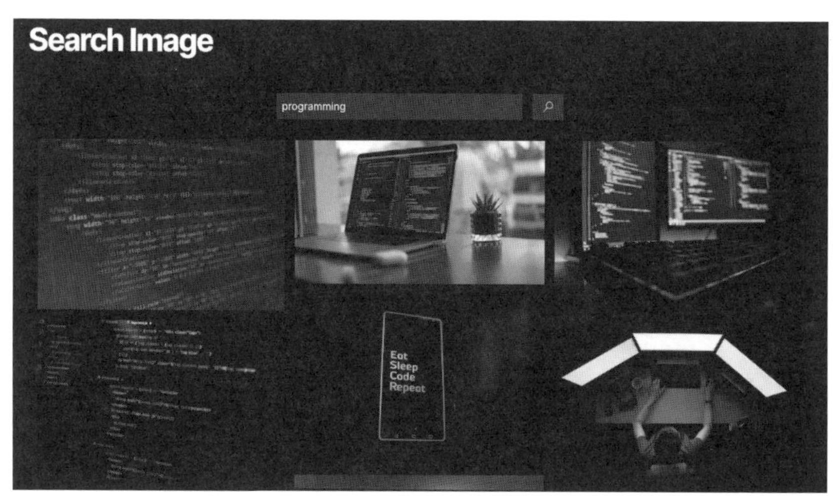

写真の取得と表示

まずはランダムに写真を取得して画面に表示する機能を実装しましょう。 `app/page.tsx` で次のようにUnsplash APIからの写真の取得処理とコンポーネントを実装します。

SAMPLE CODE app/page.tsx

```
import Image from 'next/image';

type Photo = {
    id: string;
    created_at: string;
    width: number;
    height: number;
    color: string;
    description: string;
    urls: {
        raw: string;
        full: string;
        regular: string;
        small: string;
        thumb: string;
    };
    links: {
        self: string;
        html: string;
        download: string;
    };
};

const getRamdomPhotos = async (): Promise<Photo[]> => {
    const params = new URLSearchParams();
    params.append(
        'client_id',
        process.env.UNSPLASH_API_ACCESS_KEY ?? ''
    );
    params.append('count', '32');
    const response = await fetch(
        `https://api.unsplash.com/photos/random?${params.toString()}
`,
        { method: 'GET', cache: 'no-cache' }
    );
    return response.json();
};
```

```
const Home = async () => {
    const randomPhotos = await getRamdomPhotos();
    return (
        <div>
            {randomPhotos.map((photo) => (
                <Image
                    key={photo.id}
                    src={photo.urls.small}
                    width={400}
                    height={photo.height * (400 / photo.width)}
                    alt={photo.description}
                />
            ))}
        </div>
    );
};

export default Home;
```

それぞれの要素を詳細に見ていきましょう。まずUnsplash APIのランダムな写真を取得するAPIからのレスポンスの型を定義していきます。次のような `Photo` 型のオブジェクトの配列が返ってきます。

```
type Photo = {
    id: string;
    created_at: string;
    width: number;
    height: number;
    color: string;
    description: string;
    urls: {
        raw: string;
        full: string;
        regular: string;
        small: string;
        thumb: string;
    };
    links: {
        self: string;
        html: string;
        download: string;
    };
};
```

利用しない項目をいくつか省略しているので、完全なレスポンスの内容は次のリンクを参照してください。

- Unsplash API Documentation | Free HD Photo API | Unsplash
  URL https://unsplash.com/documentation#get-a-random-photo

この型を使ってUnsplash APIから写真の一覧を取得する処理を実装します。

```
const getRamdomPhotos = async (): Promise<Photo[]> => {
    const params = new URLSearchParams();
    params.append(
        'client_id',
        process.env.UNSPLASH_API_ACCESS_KEY ?? ''
    ); // ❶
    params.append('count', '32');
    const response = await fetch(
        `https://api.unsplash.com/photos/random?${params.toString()}
`,
        { method: 'GET', cache: 'no-cache' } // ❷
    );
    return response.json(); // ❸
};
```

❶で `URLSearchParams` に環境変数の `UNSPLASH_API_ACCESS_KEY` を渡すことでリクエストパラメーターを構成し、`fetch()` でリクエストを送信しています。❷の `fetch()` の設定オブジェクトで `cache: 'no-cache'` と指定しています。`fetch()` のレスポンスがキャッシュされず、ページを読み込むたびにリクエストが送信されます。この設定にしているのはひとまず動作を単純にするためです。この設定のままだと処理の効率が悪いので後でキャッシュを活用した設定に修正します。❸でレスポンスの内容を `json()` でパースして `Photo[]` 型の値を返します。

このコードをコンポーネントの中で実行して写真の一覧を取得します。次にその内容を `map()` を使って1つずつレンダリングしていきます。 `Image` コンポーネントの詳細は後述します。

```
const Home = async () => {
    const randomPhotos = await getRamdomPhotos();
    return (
        <div>
            {randomPhotos.map((photo) => (
                <Image
                    key={photo.id}
                    src={photo.urls.small}
```

```
                    width={400}
                    height={photo.height * (400 / photo.width)}
                    alt={photo.description}
                />
            ))}
        </div>
    );
};
```


Next.js 12以前(Pages Router)ではこのような処理は不可能でした。まずコンポーネント内の処理で `UNSPLASH_API_ACCESS_KEY` という環境変数を読み取ることができません。この変数は秘密情報であり、サーバー内でしか利用できないように `NEXT_PUBLIC` を先頭に付けていないからです。

また、コンポーネント内で `getRamdomPhotos()` をawaitして `Promise` から値を取り出すことはできませんでした。なぜならコンポーネントは非同期関数になり得ないからです。

すべてはApp Routerのサーバーコンポーネント機能によって可能になっています。App Routerではすべてのコンポーネントがデフォルトでサーバーコンポーネントになっています。このコンポーネントも `'use client';` 宣言をしていないのでサーバーコンポーネントです。このコンポーネントはサーバーでレンダリングされ、処理結果がブラウザに送信されます。それゆえにサーバーに秘匿する必要のあるAPI鍵を使って直接APIを呼び出してその処理結果を使うことができるのです。

次に `Image` コンポーネントを詳しく見ていきましょう。

```
import Image from 'next/image'; // ❶

// 省略

<Image
    key={photo.id}
    src={photo.urls.small} // ❷
    width={400} // ❸
    height={photo.height * (400 / photo.width)} // ❹
    alt={photo.description}
/>;
```

このコンポーネントはNext.jsに付属している `next/image` モジュールからインポートします(❶)。 `Image` コンポーネントを利用することで表示される大きさに合わせて画像をリサイズしたりして容量を削減することで、表示速度を向上させることができます。また、画面表示されない領域の画像の読み込みを遅延させることもできます。それによってページ読み込みを高速化することができます。

`src` 引数で画像のURLを指定します(❷)。外部のドメインから画像を読み込む場合は `next.config.js` で先ほど設定したようにそのドメインをホワイトリストに入れておきます。また、このコンポーネントは `width` と `height` を指定する必要があります(❸、❹)。この値は実際の要素の大きさとして使われるのではなく、読み込み前と後で画面のレイアウトが変わるのを防ぐために使われます。あらかじめ縦横の比率がわかっていることで読み込み前でも適切な大きさのプレースホルダーを表示しておくことができます。要素の実際のサイズは画面の大きさに相対的に適切に調整されます。

Unsplash APIから得られる画像のURLはいくつかあり、`small` のものは横幅が `400px` に固定されています。その代わり縦幅は写真によって違うので比率を計算して `height` の値に指定しています(❹)。

さらに `Image` コンポーネントで読み込んだ画像はNext.jsがキャッシュします。`.next/cache/images` にキャッシュされた画像ファイルが配置されています。サイズや形式を最適化した上でキャッシュすることで画面表示を高速化させることができます。

Tailwind CSSを使ったスタイリング

このままでは写真が縦に並んでいるだけで味気ないのでより洗練された表示にしていきましょう。写真を3列のグリッドレイアウトで表示してみます。Tailwind CSSではグリッドレイアウトが簡単に実装できます。

SAMPLE CODE app/page.tsx

```
export const Home = async () => {
    const randomPhotos = await getRamdomPhotos();
    return (
        <div
            className="grid grid-cols-3 gap-4 w-[1200px] mx-auto" // ❶
        >
            {[0, 1, 2].map((index) => (
                <div key={randomPhotos[index].id}>
                    <Image
                        src={randomPhotos[index].urls.small}
                        width={400}
                        height={
                            randomPhotos[index].height *
                            (400 / randomPhotos[index].width)
                        }
                        alt={randomPhotos[index].description}
                    />
                </div>
            ))}
        </div>
    );
};
```

❶でまず要素のクラス名に`grid`というユーティリティクラスを指定します。追加で`grid-cols-3`といったクラス名を指定することで何列のグリッド表示にするかを選ぶことができます。`gap-4`といったクラスでグリッド要素同士の間隔を指定します。

この実装ではまず`randomPhotos`配列の先頭の3つを横に並べています。大枠の`div`要素(❶)のクラスに追加で`w-[1200px] mx-auto`を指定することで幅1200pxの中央寄せにしています。Tailwind CSSではこのようにあらかじめ設定された単位だけでなく`1200px`などの任意の値を設定することもできます。`mx-auto`は`margin-left: auto; margin-right: auto;`に相当します。`w-[1200px]`で指定した横幅を画面全体の横幅から引いた残り分を左右のマージンとして指定しています。

次に取得した写真をすべて3列に並べていきましょう。

SAMPLE CODE app/page.tsx

```
const Home = async () => {
    const randomPhotos = await getRamdomPhotos();
    return (
        <div className="grid grid-cols-3 gap-4 w-[1200px] mx-auto">
            {[0, 1, 2].map((columnIndex) => (
                <div key={columnIndex}>
                    {randomPhotos.map((photo, photoIndex) => {
                        // ❶
                        if (photoIndex % 3 === columnIndex) {
                            return (
                                <div
                                    key={photo.id}
                                    className="mb-4 last:mb-0" // ❷
                                >
```

```
                        <Image
                          src={photo.urls.small}
                          width={400}
                          height={
                            photo.height *
                            (400 / photo.width)
                          }
                          alt={photo.description}
                        />
                      </div>
                    );
                  }
                  return null;
                })}
              </div>
            ))}
          </div>
    );
};
```

左から順に並べるために写真の配列のインデックスを3で割った余りに従ってどの列に配置するかを決めます(❶)。

❷で `mb-4` を指定することで列内での写真の間に間隔を空けていきます。クラス名に `last:` という接頭辞を付けると、その要素が親要素の最後の子要素だった場合に指定したスタイルが有効になります。この場合は最後の要素だけ下部のマージンをなくすよう指定しています。

レイアウトの実装

次にヘッダーなどのアプリケーションの外枠(=レイアウト)を実装していきましょう。`app/layout.tsx` で次のように実装していきます。

SAMPLE CODE app/layout.tsx

```
import { Suspense } from 'react';
import './globals.css';

export default function RootLayout({
    children
}: {
    children: React.ReactNode;
}) {
    return (
        <html lang="ja">
            <body>
                {/* ❶ */}
                <header
                    className={`
                        h-16
                        bg-transparent
                        backdrop-blur-md
                        flex
                        fixed
                        w-full
                        px-6
                    `} // ❷
                >
                    <div
                        className={`
                            h-auto
                            my-auto
                            font-bold
                            text-5xl
                            tracking-tighter
                        `} // ❸
                    >
                        Search Image
                    </div>
                </header>
                <main
                    className="pt-20 pb-8 bg-gray-950 min-h-screen" // ❹
                >
```

```
                    <Suspense fallback={'loading...'}>
                        {/* ❺ */}
                        {children}
                    </Suspense>
                </main>
            </body>
        </html>
    );
}
```


❶の header 要素はアプリケーションのヘッダーとなる部分です。❷で指定しているクラスはそれぞれ次のようなCSSに対応しています。

- h-16……height: 4rem;
- bg-transparent……background-color: transparent;
- backdrop-blur-md……backdrop-filter: blur(12px);
- flex……display: flex;
- fixed……position: fixed;
- w-full……width: 100%;
- px-6……padding-left: 1.5rem; padding-right: 1.5rem;

h-16 でヘッダーの高さを指定しています。 bg-transparent と backdrop-blur-md で背景を透過してぼかしをかけています。ヘッダー内の要素は flex によって横並びになります。 fixed クラスを指定すること position: fixed; となりヘッダーが画面上部に固定されるようになります。 w-full でヘッダーを画面いっぱいに広げ、px-6 で左右のパディングを指定しています。

❸ではヘッダーの中に表示するロゴを実装しています。こちらで指定しているクラスはそれぞれ次のようなCSSに対応しています。

- h-auto……height: auto;
- my-auto……margin-top: auto; margin-bottom: auto;
- font-bold……font-weight: 700;
- text-5xl……font-size: 3rem; line-height: 1;
- tracking-tighter……letter-spacing: -0.05em;

h-auto で要素の高さを文字の大きさに対応するよう自動で調整し、my-auto で上下のマージンを自動で調整しています。 font-bold でロゴの文字を太字にし、text-5xl でフォントサイズを指定しています。 tracking-tighter で文字間を狭くしています。

❹ではページ内容の外枠部分のスタイルを指定しています。こちらで指定しているクラスはそれぞれ次のようなCSSに対応しています。

- pt-20 ………………………padding-top: 5rem;
- pb-8………………………… padding-bottom: 2rem;
- bg-gray-950……………background-color: #030712;
- min-h-screen……………min-height: 100vh;

`pt-20` で上部のパディングを指定しています。ヘッダーがページ上部にあるのでその幅分+aの余白を付けています。 `pb-8` で下部のパディングを指定しています。 `bg-gray-950` で背景色を暗いグレーに指定しています。 `min-h-screen` でページの高さを画面いっぱいに広げています。

`RootLayout` コンポーネントの `children` 引数には `page.tsx` のコンポーネントが入ります(❺)。 `children` がサーバーコンポーネントなので `Suspense` を利用してローディング表示にすることができます。Unsplash APIからデータを取得している間は `fallback` で指定した内容が画面に表示されます。 `Home` コンポーネント内の `getRamdomPhotos()` で `fetch()` のキャッシュ設定をオフにしているのでページの再読み込みのたびに `fallback` の表示になることが確認できます。

次にNext.jsのフォント最適化モジュールを利用してみましょう。 `app/layout.tsx` に次の記述を追加します。

SAMPLE CODE app/layout.tsx

```
import { Inter } from 'next/font/google'; // ❶

const inter = Inter({
    subsets: ['latin'],
    display: 'swap'
}); // ❷
```

❶のように `next/font/google` パッケージから目的のフォントオブジェクトをインポートします。次に❷で各種パラメーターを指定してセットアップします。

`app/layout.tsx` で実装したレイアウトのJSX要素のクラスに次のように指定するとアプリケーション全体にフォントを適用することができます。

SAMPLE CODE app/layout.tsx

```
export default function RootLayout({
    children
}: {
    children: React.ReactNode;
}) {
    return (
```

▼

```
    <html lang="ja" className={inter.className}>
      {/* ... */}
    </html>
  );
}
```

通常のようにGoogleフォントをインポートせずに next/font モジュールを用いることで、フォントファイルをNext.jsと同じサーバーでホスティングすることができます。通常のWebフォントを利用する場合は、画面を開いてCSSを読み込んでからWebフォントのサーバーに問い合わせをします。それによって読み込みが遅かったり、画面が表示されてからフォントが切り替わることで画面表示が乱れたりします。 next/font はビルド時にWebフォントを読み込むことでそうした問題を解決しています。

レイアウトを追加した画面は次のようになります。フォントの適用されたロゴの入ったヘッダーが画面上部に固定表示されています。

以上でサーバーコンポーネントを活用したランダムに写真を表示する機能を実装することができました。

検索機能の実装

次に写真を検索できる機能を実装していきましょう。写真を検索するにはユーザーがブラウザ画面上で入力した文字列をもとにUnsplash APIの写真検索のエンドポイントを呼び出します。しかしながらブラウザから直接、Unsplash APIを呼び出すことはできません。というのもUnsplash APIの秘密鍵はサーバー側に秘匿されているからです。そこでルートハンドラを利用していったんNext.jsのサーバー側の処理にユーザーの入力値を送り、そこからUnsplash APIを呼び出します。

ルートハンドラを実装していく準備として、まず共通の関数やコンポーネントを配置する `lib` ディレクトリを作成します。

最初にUnsplash APIでの写真検索のレスポンスを表現する型を定義します。`lib/type.ts` ファイルを作成してそこに記述していきましょう。

SAMPLE CODE lib/type.ts

```
export type Photo = {
    id: string;
    created_at: string;
    width: number;
    height: number;
    color: string;
    description: string;
    urls: {
        raw: string;
        full: string;
        regular: string;
        small: string;
        thumb: string;
    };
    links: {
        self: string;
        html: string;
        download: string;
    };
}; // ❶

export type PhotoSearchResponse = {
    total: number;
    total_pages: number;
    results: Photo[];
}; // ❷
```

ランダムな写真のレスポンスを表現するための `Photo` 型もこちらに移しておきます(❶)。写真検索のレスポンスは❷のような `PhotoSearchResponse` 型として定義することができます。

次に lib/unsplash.ts にUnsplash APIを呼び出す関数をまとめて定義します。

SAMPLE CODE lib/unsplash.ts

```
import 'server-only';
import { Photo, PhotoSearchResponse } from './type';

export const getRamdomPhotos = async (): Promise<Photo[]> => {
    const params = new URLSearchParams();
    params.append(
        'client_id',
        process.env.UNSPLASH_API_ACCESS_KEY ?? ''
    );
    params.append('count', '32');
    const response = await fetch(
        `https://api.unsplash.com/photos/random?${params.toString()}
    `,
        { method: 'GET', next: { revalidate: 60 * 30 } } // ❷
    );
    return response.json();
}; // ❶

export const searchPhotos = async (
    query: string
): Promise<PhotoSearchResponse> => {
    const params = new URLSearchParams();
    params.append(
        'client_id',
        process.env.UNSPLASH_API_ACCESS_KEY ?? ''
    );
    params.append('query', query); // ❹
    params.append('per_page', '32');
    const response = await fetch(
        `https://api.unsplash.com/search/photos?${params.toString()}
    `,
        { method: 'GET', next: { revalidate: 60 * 30 } } // ❺
    );
    return response.json();
}; // ❸
```

❶の getRamdomPhotos はサーバーコンポーネントで利用したランダムな写真を呼び出す関数です。 app/page.tsx からこちらに移動して、コンポーネント側でインポートして利用するように変更しましょう。

❷で `fetch()` の設定を修正しています。`revalidate` で指定した秒数の間はキャッシュされたレスポンスをもとにサーバーコンポーネントがレンダリングされます。指定した秒数が経過すると画面表示の裏で再度リクエストを送り、レスポンスとサーバーコンポーネントを更新します。これは以前のNext.jsでのISRと同じ挙動です。この関数を呼び出した後に `.next/cache/fetch-cache` 内を見るとキャッシュファイルが作成されていることが確認できます。

❸の `searchPhotos` は写真を検索するための関数です。`search/photos` エンドポイントを呼び出します。❹でパラメーターの `query` に検索文字列を入れることで合致する写真の一覧を取得できます。こちらにも `revalidate` を設定します(❺)。こちらはサーバーコンポーネントで呼び出されないのでビルド時には実行されませんが、ルートハンドラへのリクエストに応じて `query` の値に対応するキャッシュが作成されます。このキャッシュも指定した秒数が経過すると更新されます。

次に `app/api/search/route.ts` でルートハンドラを実装します。ルートハンドラへのPOSTリクエストのリクエストボディに次のようなJSON形式で `query` パラメーターが入っていることを想定します。

```
{
    "query": "sample"
}
```

ルートハンドラの実装は次のようになります。

SAMPLE CODE app/api/search/route.ts

```
import { searchPhotos } from '@/lib/unsplash';

export async function POST(request: Request) {
    // ❶
    const { query }: { query: unknown } = await request.json(); // ❷
    if (!query || typeof query !== 'string') {
        const response = new Response('no query', {
            status: 400
        });
        return response;
    } // ❸
    const searchPhotosResponse = await searchPhotos(query); // ❹
    return new Response(JSON.stringify(searchPhotosResponse), {
        status: 200,
        headers: {
            'Content-Type': 'application/json'
        }
    }); // ❺
}
```

ルートハンドラからエクスポートする関数は `Request` 型の `request` 引数を受け取ります(❶)。❷でJSON形式のリクエストボディからオブジェクトを取得することができます。`query` の値が存在するかどうか不明なのでひとまず `unknown` 型と定義しましょう。`query` が `string` 型でない場合はリクエストが不正と判断してステータスコード400のレスポンスを返します(❸)。 `query` が `string` 型だとわかれば `searchPhotos` に渡して写真を取得します(❹)。最後にそのレスポンスをJSON文字列に変換ものを含め、ヘッダーに `'Content-Type': 'application/json'` を指定した `Response` オブジェクトを返します(❺)。

次にこのルートハンドラを呼び出すコンポーネントを実装していきます。ユーザーの入力値やボタンの制御のために状態やイベントハンドラを利用する必要があります。これらはサーバーコンポーネントでは利用できないので、クライアントコンポーネントとして実装します。

`lib/component/Search.tsx` に次の `Search` コンポーネントを実装します。

SAMPLE CODE lib/component/Search.tsx

```
'use client'; // ❶

import { Photo, PhotoSearchResponse } from '@/lib/type';
import {
  FunctionComponent,
  useState,
  useTransition
} from 'react';
import { VscSearch } from 'react-icons/vsc';

export const Search: FunctionComponent = () => {
  const [query, setQuery] = useState<string | null>(null); // ❷
  const [searchedPhotos, setSearchedPhotos] = useState<
    Photo[] | null
  >(null); // ❹
  return (
    <div>
      <div className="my-8 flex justify-center">
        <input
          className="w-96 mr-4 p-2 bg-gray-700"
          value={query ?? ''}
          onChange={(e) => {
            setQuery(e.target.value); // ❸
          }}
        />
        <button
          className="bg-gray-700 py-2 px-4"
          onClick={async () => {
```

```
                    const response = await fetch(
                        `http://localhost:3000/api/search`,
                        {
                            method: 'POST',
                            body: JSON.stringify({
                                query
                            }),
                            headers: {
                                'Content-Type':
                                    'application/json'
                            }
                        }
                    ); // ❺
                    const json: PhotoSearchResponse =
                        await response.json();
                    console.log(json); // ❻
                    setSearchedPhotos(json.results); // ❼
                }}
            >
                {/* ❽ */}
                <VscSearch />
            </button>
        </div>
    </div>
  );
};
```

まず❶でクライアントコンポーネントであることを宣言します。❷はユーザーの入力値を保持する状態です。❸で `input` 要素の `onChange` イベントハンドラによって入力値を取得して更新します。❹は検索した写真の一覧を保持する状態です。❺で先ほど実装したルートハンドラにPOSTリクエストを送って検索結果を取得します。 `query` の値をリクエストボディに含めて送信しています。 `fetch()` の引数でリクエストヘッダーに `'Content-Type': 'application/json'` を指定するとルートハンドラ側でJSON文字列をパースして受け取ることができます。

`response.json()` でレスポンスボディのJSON文字列をJavaScriptのオブジェクトにデシリアライズします。ひとまずコンソールに取得結果を出力して確認してみましょう(❻)。オブジェクトの `result` プロパティに `Photo[]` 型の値が入っていることが確認できます。❼で取得結果を `searchedPhotos` 状態に格納して検索処理は完了です。

❽では `react-icons` からインポートした `VscSearch` を表示させています。検索実行ボタンを表現するためのアイコンです。

div 要素に指定したクラスによって次のようなCSSが適用されます。

- my-8……………margin-top: 2rem; margin-bottom: 2rem;
- flex……………display: flex;
- justify-center……………justify-content: center;

my-8 で上下のマージンを指定しています。flex で子要素を横並びにし、justify-center でその子要素を中央寄せにしています。

input 要素に指定したクラスによって次のようなCSSが適用されます。

- w-96……………width: 24rem;
- mr-4……………margin-right: 1rem;
- p-2……………padding: 0.5rem;
- bg-gray-700……………background-color: #374151;

w-96 で検索文字列を入力する入力欄の幅を指定しています。mr-4 で入力欄とボタンの間に余白を設けています。p-2 で入力欄の内部の上下左右のパディングを指定しています。bg-gray-700 で入力欄の背景色を指定しています。

button 要素に指定したクラスによって次のようなCSSが適用されます。

- bg-gray-700……………background-color: #374151;
- py-2……………padding-top: 0.5rem; padding-bottom: 0.5rem;
- px-4……………padding-left: 1rem; padding-right: 1rem;

bg-gray-700 でボタンの背景色を指定しています。input 要素と同じ背景色です。Tailwind CSSでは色の単位も決まっているので共通の色を指定するのが簡単になります。py-2 と px-4 でボタン内部のパディングを指定しています。ボタンの場合は上下のパディングに対して左右のパディングを大きめにするとそれらしい見た目になります。

ひとまず次のように page.tsx で Search コンポーネントをレンダリングしてみましょう。

SAMPLE CODE app/page.tsx

```
import { Search } from '@/lib/component/Search';
import { getRamdomPhotos } from '@/lib/unsplash';

const Home = async () => {
    const randomPhotos = await getRamdomPhotos();
    return (
        <div>
            <Search />
        </div>
    );
};
```

```
export default Home;
```

画面は検索のための入力欄だけが表示されるシンプルなものになります。

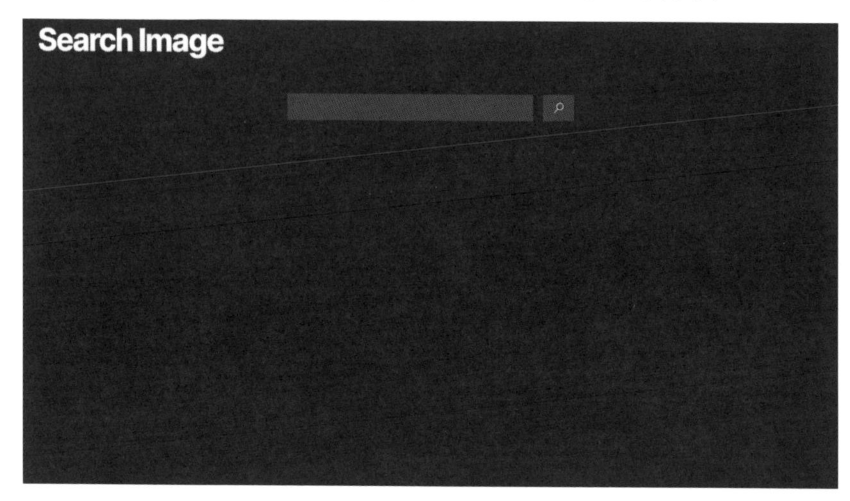

Search コンポーネントの input 要素に適当な検索文字列を入力して、検索ボタンをクリックして写真が検索できていることを確認してください。検索結果はブラウザのコンソールに出力されます。

次に検索して取得した写真を画面に表示していきましょう。Photo[] 型の値を引数に渡すことで写真の一覧を表示する PhotoList コンポーネントを lib/component/PhotoList.tsx に実装します。このコンポーネントはランダムに取得したを表示する際にも共通のものとして利用することができます。

SAMPLE CODE lib/component/PhotoList.tsx

```
'use client'; // ❶

import { Photo } from '@/lib/type';
import Image from 'next/image';
import { FunctionComponent } from 'react';

export const PhotoList: FunctionComponent<{
    photos: Photo[];
}> = ({ photos }) => {
    return (
        <div className="grid grid-cols-3 gap-4 w-[1200px] mx-auto">
            {[0, 1, 2].map((columnIndex) => (
                <div key={columnIndex}>
                    {photos.map((photo, photoIndex) => {
```

```
                if (photoIndex % 3 === columnIndex) {
                    return (
                        <div
                            key={photo.id}
                            className="mb-4 last:mb-0"
                        >
                            <Image
                                className="cursor-pointer" // ❸
                                src={photo.urls.small}
                                width={400}
                                height={
                                    photo.height *
                                    (400 / photo.width)
                                }
                                alt={photo.description}
                                onClick={() => {
                                    window.open(
                                        photo.links
                                            .html,
                                        '_blank'
                                    );
                                }} // ❷
                            />
                        </div>
                    );
                }
                return null;
            })}
        </div>
    ))}
  </div>
 );
};
```

このコンポーネントでは `Image` コンポーネントの `onClick` イベントハンドラでUnsplashのリンクを開く機能を付けました(❷)。そのためにクライアントコンポーネントにしています(❶)。❸では `cursor-pointer` クラスを指定しています。このクラスで `cursor: pointer;` スタイルが適用され、画像にマウスカーソルを重ねたときにポインター表示になります。クリックして何らかの動作を行う要素にはそれを示すためにこのクラスを指定するとユーザーフレンドリーです。

`PhotoList` コンポーネントを `Search` コンポーネントに組み込んでいきます。その前に少し寄り道して検索中などのローディング表示を実装しておきましょう。 `lib/component/Loading.tsx` に次のように実装します。

SAMPLE CODE lib/component/Loading.tsx

```
'use client';

import { FunctionComponent } from 'react';
import { VscLoading } from 'react-icons/vsc';

export const Loading: FunctionComponent = () => {
    return (
        <div
            className="h-96 flex justify-center" // ❷
        >
            {/* ❶ */}
            <VscLoading
                className={`
                    animate-spin
                    text-gray-400
                    text-4xl
                    h-auto
                    my-auto
                `} // ❸
            />
        </div>
    );
};
```

❶では `react-icons` から `VscLoading` アイコンをインポートして利用しています。

❷でアイコンをラップする親要素のスタイルを指定しています。指定しているクラスはそれぞれ次のようなCSSに対応しています。

- h-96……………………height: 24rem;
- flex……………………display: flex;
- justify-center…………justify-content: center;

`h-96` でローディング表示全体の高さを指定しています。 `flex` で子要素を横並びにし、`justify-center` でその子要素を中央寄せにしています。

❸で指定している `animate-spin` は要素を回転させることができるクラスです。これによっていわゆるローディング表示を実装することができます。いくつかのアニメーションを簡単に実装できる点もTailwind CSSの魅力です。 `animate-spin` クラスに対応するCSSは次のようになっています。 `keyframes` を使って要素の回転アニメーションを実装しています。

```
@keyframes spin {
    to {
        transform: rotate(360deg);
    }
}
.animate-spin {
    animation: spin 1s linear infinite;
}
```

その他のクラスはそれぞれ次のようなCSSに対応しています。

- text-gray-400…………color: #9ca3af;
- text-4xl……………………font-size: 2rem; line-height: 1;
- h-auto………………………height: auto;
- my-auto……………………margin-top: auto; margin-bottom: auto;

`text-gray-400` でテキストの色を、`text-4xl` でフォントサイズを指定しています。 `react-icons` のコンポーネントはテキストの色とフォントサイズに合わせてアイコンの色や縦横幅が調節されるようになっているので、これらのクラスの指定によってアイコンのスタイルを指定することができます。

`h-auto` で要素の高さをアイコンの大きさに合わせて自動で調整し、`my-auto` で上下のマージンを付けて中央に寄せています。これにより親要素の `h-96` で指定した高さに対してアイコンが中央に表示されるようになります。

`Search` コンポーネントの実装は次のようになります。ユーザーが検索するまではランダムに取得した写真を表示し、検索されるとその一覧に切り替わるような実装になっています。

SAMPLE CODE lib/component/Search.tsx

```
'use client';

import { Photo, PhotoSearchResponse } from '@/lib/type';
import {
    FunctionComponent,
    useState,
    useTransition
} from 'react';
```

```
import { VscSearch } from 'react-icons/vsc';
import { Loading } from './Loading';
import { PhotoList } from './PhotoList';

const PhotoListWrapper: FunctionComponent<{
    loading: boolean;
    searchedPhotos: Photo[] | null;
    randomPhotos: Photo[];
}> = ({ loading, searchedPhotos, randomPhotos }) => {
    if (loading) {
        return <Loading />;
    }
    if (searchedPhotos) {
        return <PhotoList photos={searchedPhotos} />;
    }
    return <PhotoList photos={randomPhotos} />;
}; // ❶

export const Search: FunctionComponent<{
    randomPhotos: Photo[];
}> = ({ randomPhotos }) => {
    const [query, setQuery] = useState<string | null>(null);
    const [searching, setSearching] = useState(false); // ❷
    const [searchedPhotos, setSearchedPhotos] = useState<
        Photo[] | null
    >(null);
    const [loading, startTransition] = useTransition(); // ❸
    return (
        <div>
            <div className="my-8 flex justify-center">
                <input
                // 省略
                />
                <button
                    className="bg-gray-700 py-2 px-4"
                    onClick={async () => {
                        setSearching(true);
                        const response = await fetch();
                        // 省略
                        const json: PhotoSearchResponse =
                            await response.json();
                        startTransition(() => {
                            setSearchedPhotos(json.results);
```

```
                    }); // ❹
                    setSearching(false);
                }}
            >
                <VscSearch />
            </button>
        </div>
        <PhotoListWrapper
            loading={searching || loading} // ❺
            searchedPhotos={searchedPhotos}
            randomPhotos={randomPhotos}
        />
    </div>
  );
};
```

❶の PhotoListWrapper コンポーネントは写真の一覧を表示する箇所をコンポーネントに切り出したものです。読み込み中は <Loading /> 、検索した写真の一覧があれば <PhotoList photos={searchedPhotos} /> を早期に返すことで処理の見通しをよくするためのものです。 Search のJSXの中に記述しても問題ない処理ですが、こちらの方が可読性が高くなります。またそのような事情から他のコンポーネントで再利用することがないため、同じファイル内に記述してエクスポートもしません。

❷は検索中であることを示す状態です。 fetch() を実行する前にtrueにして、完了後に false にします。 PhotoListWrapper コンポーネントに渡すことで検索処理の実行中に <Loading /> を表示します。

写真の一覧を画面に表示する処理は場合によっては時間がかかります（今回はそれほど多くの件数を取得していませんが、1000件ほど取得する場合などを考えてみてください）。React 18のトランジションを活用してこのレンダリングを後回しにすることでパフォーマンスを向上させましょう。❸で useTransition() フックを使って loading と startTransition を取得します。❹で startTransition() の引数のコールバック関数内で setSearchedPhotos() を実行することで searchedPhotos 状態の更新に伴う再レンダリングをトランジションにしています。❺で loading または searching が true であるときに <Loading /> が表示されるように指定しています。こうすることで検索リクエストの処理中またはトランジションの実行中にローディング表示にすることができます。

この Search コンポーネントは page.tsx で次のように利用します。

SAMPLE CODE app/page.tsx

```
import { Search } from '@/lib/component/Search';
import { getRamdomPhotos } from '@/lib/unsplash';
```

```
const Home = async () => {
    const randomPhotos = await getRamdomPhotos(); // ❶
    return (
        <div>
            <Search randomPhotos={randomPhotos}></Search> // ❷
        </div>
    );
};

export default Home;
```

この Home コンポーネントはサーバーコンポーネントなので❶でUnsplash APIを呼び出すことができます。取得したランダムな写真をクライアントコンポーネントである Search に受け渡すことでその内容を画面に表示させています(❷)。

初期表示ではこのサーバーコンポーネントで取得したランダムな写真が表示され、検索が実行されるとその結果が表示されます。適当な文字列で写真を検索して表示してみてください。

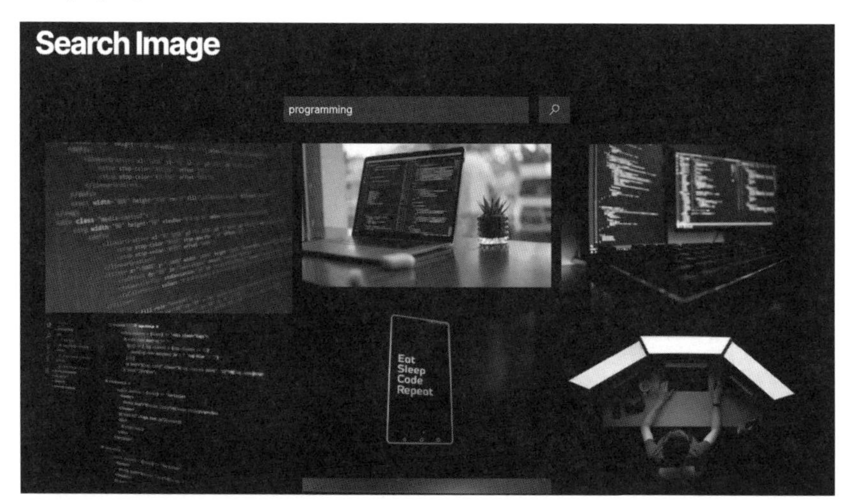

サーバーコンポーネントである Home の処理中のローディング表示も実装しましょう。app/layout.tsx の children 引数が Home コンポーネントになるので、次のように Suspense でラップしていました。

SAMPLE CODE app/layout.tsx

```
import { Loading } from '@/lib/component/Loading';
import { Suspense } from 'react';
```

```
// 省略

export default function RootLayout({
    children
}: {
    children: React.ReactNode;
}) {
    return (
        <html lang="ja" className={inter.className}>
            <body>
                <header
                // 省略
                >
                    {/* 省略 */}
                </header>
                <main className="pt-20 pb-8 bg-gray-950 min-h-screen">
                    <Suspense fallback={<Loading />}>
                        {children}
                    </Suspense>
                </main>
            </body>
        </html>
    );
}
```

`fallback` に先ほど実装した `<Loading />` コンポーネントを指定することでサーバーコンポーネントの処理中（ランダムな写真の取得中）にローディング表示にすることができます。

エラーハンドリング

最後にエラーハンドリングを実装していきましょう。エラーハンドリングとは処理が例外を発生させたときに何らかの処理を行うことです。たとえば、写真の検索コンポーネント（`Search`）で次のように実装します。

SAMPLE CODE lib/component/Search.tsx

```
export const Search: FunctionComponent<{
    randomPhotos: Photo[];
}> = ({ randomPhotos }) => {
    // 省略
    return (
        <div>
            <div className="my-8 flex justify-center">
```

```
                {/* 省略 */}
                <button
                    className="bg-gray-700 py-2 px-4"
                    onClick={async () => {
                        try {
                            setSearching(true);
                            const response = await fetch({
                                // 省略
                            });
                            // ❶
                            if (!response.ok) {
                                throw response;
                            }
                            const json: PhotoSearchResponse =
                                await response.json();
                            startTransition(() => {
                                setSearchedPhotos(json.results);
                            });
                        } catch (error) {
                            console.error(error); // ❷
                            alert(
                                '検索中にエラーが発生しました'
                            ); // ❸
                            setSearchedPhotos([]); // ❹
                        } finally {
                            setSearching(false); // ❺
                        }
                    }}
                >
                    <VscSearch />
                </button>
            </div>
            {/* 省略 */}
        </div>
    );
};
```

APIの呼び出し結果が成功でない(ステータスコードが200でない)場合があり得ます。その際には❶で `throw` して例外を発生させます。`catch` 節で例外を捕捉した際はコンソールにエラーの内容を出力します(❷)。

また、ユーザーが認識できるように `alert` でエラーメッセージを表示します(❸)。

次に表示する写真が存在しないので `searchedPhotos` を空の配列に更新します(❹)。

finally 節では処理が成功した場合でも失敗した(例外を捕捉した)場合でも実行する処理を記述します。ここで検索中であることを示す状態 searching を false にします(❺)。

エラーが発生した際の挙動を確認するため、app/api/search/route.ts のルートハンドラの内容を次のように変更してみましょう。リクエストに対して常にエラーを返すようになっています。

SAMPLE CODE app/api/search/route.ts

```
export async function POST(request: Request) {
    const { query }: { query: unknown } = await request.json();
    return new Response(
        JSON.stringify({ message: 'server error' }),
        {
            status: 500,
            headers: {
                'Content-Type': 'application/json'
            }
        }
    );
}
```

この状態で検索を実行すると画面にエラーメッセージが表示されることが確認できます(確認できたらルートハンドラの内容は元に戻しておいてください)。

ここでは一例として検索処理の中でエラーが発生した場合のエラーハンドリングを実装しました。他にも、たとえばルートハンドラ内でUnsplash APIの呼び出しに失敗した場合などにもエラーハンドリングを実装することができます。

次にApp Routerのエラーハンドリング機能を利用してサーバーコンポーネントのエラーハンドリングを実装してみましょう。App Routerには error.tsx という名前のファイルを作成すると、配置したディレクトリに対応するルートのエラーを自動的に捕捉してエラー時のUIをレンダリングしてくれる機能があります。

app/error.tsx に次のように実装すると、app/page.tsx や配下のルートでエラーが発生した際にエクスポートした Error コンポーネントの内容を表示することができます。

SAMPLE CODE app/error.tsx

```
'use client';

import { FunctionComponent, useEffect } from 'react';
import { VscRefresh } from 'react-icons/vsc';

const Error: FunctionComponent<{
```

▼

```
    error: Error; // ❶
    reset: () => void; // ❷
}> = ({ error, reset }) => {
    useEffect(() => {
        console.error(error); // ❸
    }, [error]);

    return (
        <div className=" w-60 mx-auto py-12">
            <div className="text-2xl font-bold mb-4">
                エラーが発生しました
            </div>
            <div className="text-center">
                <button
                    className="bg-gray-700 py-2 px-4 text-2xl"
                    onClick={() => reset()} // ❹
                >
                    <VscRefresh />
                </button>
            </div>
        </div>
    );
};

export default Error;
```

`error.tsx` からエクスポートする `Error` コンポーネントは発生したエラーの内容である `error`（❶）とエラーが発生したルートを再読み込みする `reset` 関数（❷）を引数に取ります。❸で発生したエラーの内容をコンソールに表示しています。リセット用のボタンをクリックした際に `reset()` を呼び出して再度レンダリングを実行することができます（❹）。

たとえば今回実装した `app/page.tsx`（サーバーコンポーネント）での `getRamdomPhotos()` でエラーが発生することがあり得ます。Unsplash APIが一時的に応答しなかった場合などは `reset()` によって正常な画面表示に戻ることができる可能性があります（とはいえ静的レンダリングなのでビルド時にエラーが発生するとそのままビルドが失敗し、この画面表示になることはありません。今回は機能の紹介も兼ねて実装しました）。

エラー時のUIを検証するため、`app/page.tsx` を次のように修正して常にエラーを発生させるようにしてみましょう（確認が終わったら元に戻しておいてください）。

SAMPLE CODE app/page.tsx

```
const Home = async () => {
    throw Error('test error');
};

export default Home;
```

次のような画面が表示されます。

Search Image

エラーが発生しました

最終的なコード

ここでは、このハンズオンで実装したコードの全体を掲載します。

ディレクトリの構成は次のようになっています（デフォルトのまま内容を変えていないファイルは省略しています）。

```
nextjs-handson2
  ├ app
  │   ├ api
  │   │   └ search
  │   │       └ route.ts
  │   ├ error.tsx
  │   ├ globals.css
  │   ├ layout.tsx
  │   └ page.tsx
  ├ lib
  │   ├ component
  │   │   ├ Loading.tsx
  │   │   ├ PhotoList.tsx
  │   │   └ Search.tsx
  │   ├ type.ts
  │   └ unsplash.ts
  ├ .env.local
  ├ next.config.js
  └ tailwind.config.js
```

各ファイルの実装は次の通りです。

SAMPLE CODE app/api/search/route.ts

```
import { searchPhotos } from '@/lib/unsplash';

export async function POST(request: Request) {
    const { query }: { query: unknown } = await request.json();
    if (!query || typeof query !== 'string') {
        const response = new Response('no query', {
            status: 400
        });
        return response;
    }
    const searchPhotosResponse = await searchPhotos(query);
    return new Response(JSON.stringify(searchPhotosResponse), {
        status: 200,
        headers: {
            'Content-Type': 'application/json'
        }
    });
}
```

SAMPLE CODE app/error.tsx

```
'use client';

import { FunctionComponent, useEffect } from 'react';
import { VscRefresh } from 'react-icons/vsc';

const Error: FunctionComponent<{
    error: Error;
    reset: () => void;
}> = ({ error, reset }) => {
    useEffect(() => {
        console.error(error);
    }, [error]);

    return (
        <div className="w-60 mx-auto py-12">
            <div className="text-2xl font-bold mb-4">
                エラーが発生しました
            </div>
            <div className="text-center">
                <button
```

```
                    className="bg-gray-700 py-2 px-4 text-2xl"
                    onClick={() => reset()}
                >
                    <VscRefresh />
                </button>
            </div>
        </div>
    );
};

export default Error;
```

SAMPLE CODE app/globals.css

```
@tailwind base;
@tailwind components;
@tailwind utilities;

* {
    box-sizing: border-box;
    padding: 0;
    margin: 0;
}

html {
    color-scheme: dark;
}

body {
    max-width: 100vw;
    overflow-x: hidden;
}

a {
    color: inherit;
    text-decoration: none;
}
```

SAMPLE CODE app/layout.tsx

```
import { Loading } from '@/lib/component/Loading';
import { Inter } from 'next/font/google';
import { Suspense } from 'react';
import './globals.css';
```

```
const inter = Inter({
    subsets: ['latin'],
    display: 'swap'
});

export default function RootLayout({
    children
}: {
    children: React.ReactNode;
}) {
    return (
        <html lang="ja" className={inter.className}>
            <body>
                <header
                    className={`
                        h-16
                        bg-transparent
                        backdrop-blur-md
                        flex
                        fixed
                        w-full
                        px-6
                    `}
                >
                    <div
                        className={`
                            h-auto
                            my-auto
                            font-bold
                            text-5xl
                            tracking-tighter
                        `}
                    >
                        Search Image
                    </div>
                </header>
                <main className="pt-20 pb-8 bg-gray-950 min-h-screen">
                    <Suspense fallback={<Loading />}>
                        {children}
                    </Suspense>
                </main>
            </body>
        </html>
```

```
    );
}
```

SAMPLE CODE app/page.tsx

```
import { Search } from '@/lib/component/Search';
import { getRamdomPhotos } from '@/lib/unsplash';

const Home = async () => {
    const randomPhotos = await getRamdomPhotos();
    return (
        <div>
            <Search randomPhotos={randomPhotos}></Search>
        </div>
    );
};

export default Home;
```

SAMPLE CODE lib/component/Loading.tsx

```
'use client';

import { FunctionComponent } from 'react';
import { VscLoading } from 'react-icons/vsc';

export const Loading: FunctionComponent = () => {
    return (
        <div className="h-96 flex justify-center">
            <VscLoading
                className={`
                    animate-spin
                    text-gray-400
                    text-4xl
                    h-auto
                    my-auto
                `}
            />
        </div>
    );
};
```

SAMPLE CODE lib/component/PhotoList.tsx

```
'use client';

import { Photo } from '@/lib/type';
import Image from 'next/image';
import { FunctionComponent } from 'react';

export const PhotoList: FunctionComponent<{
    photos: Photo[];
}> = ({ photos }) => {
    return (
        <div className="grid grid-cols-3 gap-4 w-[1200px] mx-auto">
            {[0, 1, 2].map((columnIndex) => (
                <div key={columnIndex}>
                    {photos.map((photo, photoIndex) => {
                        if (photoIndex % 3 === columnIndex) {
                            return (
                                <div
                                    key={photo.id}
                                    className="mb-4 last:mb-0"
                                >
                                    <Image
                                        className="cursor-pointer"
                                        src={photo.urls.small}
                                        width={400}
                                        height={
                                            photo.height *
                                            (400 / photo.width)
                                        }
                                        alt={photo.description}
                                        onClick={() => {
                                            window.open(
                                                photo.links
                                                    .html,
                                                '_blank'
                                            );
                                        }}
                                    />
                                </div>
                            );
                        }
                        return null;
                    })}
```

```
                </div>
            ))}
        </div>
    );
};
```

SAMPLE CODE lib/component/Search.tsx`

```
'use client';

import { Photo, PhotoSearchResponse } from '@/lib/type';
import {
    FunctionComponent,
    useState,
    useTransition
} from 'react';
import { VscSearch } from 'react-icons/vsc';
import { Loading } from './Loading';
import { PhotoList } from './PhotoList';

const PhotoListWrapper: FunctionComponent<{
    loading: boolean;
    searchedPhotos: Photo[] | null;
    randomPhotos: Photo[];
}> = ({ loading, searchedPhotos, randomPhotos }) => {
    if (loading) {
        return <Loading />;
    }
    if (searchedPhotos) {
        return <PhotoList photos={searchedPhotos} />;
    }
    return <PhotoList photos={randomPhotos} />;
};

export const Search: FunctionComponent<{
    randomPhotos: Photo[];
}> = ({ randomPhotos }) => {
    const [query, setQuery] = useState<string | null>(null);
    const [searching, setSearching] = useState(false);
    const [searchedPhotos, setSearchedPhotos] = useState<
        Photo[] | null
    >(null);
    const [loading, startTransition] = useTransition();
    return (
```

```
<div>
    <div className="my-8 flex justify-center">
        <input
            className="w-96 mr-4 p-2 bg-gray-700"
            value={query ?? ''}
            onChange={(e) => {
                setQuery(e.target.value);
            }}
        />
        <button
            className="bg-gray-700 py-2 px-4"
            onClick={async () => {
                try {
                    setSearching(true);
                    const response = await fetch(
                        `http://localhost:3000/api/search`,
                        {
                            method: 'POST',
                            body: JSON.stringify({
                                query
                            }),
                            headers: {
                                'Content-Type':
                                    'application/json'
                            }
                        }
                    );
                    if (!response.ok) {
                        throw response;
                    }
                    const json: PhotoSearchResponse =
                        await response.json();
                    startTransition(() => {
                        setSearchedPhotos(json.results);
                    });
                } catch (error) {
                    alert(
                        '検索中にエラーが発生しました'
                    );
                    setSearchedPhotos([]);
                } finally {
                    setSearching(false);
                }
```

```
                    }}
                >
                    <VscSearch />
                </button>
            </div>
            <PhotoListWrapper
                loading={searching || loading}
                searchedPhotos={searchedPhotos}
                randomPhotos={randomPhotos}
            />
        </div>
    );
};
```

SAMPLE CODE lib/type.ts

```
export type Photo = {
    id: string;
    created_at: string;
    width: number;
    height: number;
    color: string;
    description: string;
    urls: {
        raw: string;
        full: string;
        regular: string;
        small: string;
        thumb: string;
    };
    links: {
        self: string;
        html: string;
        download: string;
    };
};

export type PhotoSearchResponse = {
    total: number;
    total_pages: number;
    results: Photo[];
};
```

SAMPLE CODE lib/unsplash.ts

```
import 'server-only';
import { Photo, PhotoSearchResponse } from './type';

export const getRamdomPhotos = async (): Promise<Photo[]> => {
    const params = new URLSearchParams();
    params.append(
        'client_id',
        process.env.UNSPLASH_API_ACCESS_KEY ?? ''
    );
    params.append('count', '32');
    const response = await fetch(
        `https://api.unsplash.com/photos/random?${params.toString()}
    `,
        { method: 'GET', next: { revalidate: 60 * 30 } }
        // { method: 'GET', cache: 'no-cache' }
    );
    return response.json();
};

export const searchPhotos = async (
    query: string
): Promise<PhotoSearchResponse> => {
    const params = new URLSearchParams();
    params.append(
        'client_id',
        process.env.UNSPLASH_API_ACCESS_KEY ?? ''
    );
    params.append('query', query);
    params.append('per_page', '32');
    const response = await fetch(
        `https://api.unsplash.com/search/photos?${params.toString()}
    `,
        { method: 'GET', next: { revalidate: 60 * 30 } }
    );
    return response.json();
};
```

SAMPLE CODE .env.local

```
UNSPLASH_API_ACCESS_KEY="sample"
```

SAMPLE CODE next.config.js

```
/** @type {import('next').NextConfig} */
const nextConfig = {
    experimental: {
        appDir: true
    },
    images: {
        remotePatterns: [
            {
                protocol: 'https',
                hostname: '**.unsplash.com'
            }
        ]
    }
};

module.exports = nextConfig;
```

SAMPLE CODE tailwind.config.js

```
/** @type {import('tailwindcss').Config} */
module.exports = {
    content: [
        './app/**/*.{js,ts,jsx,tsx}',
        './lib/**/*.{js,ts,jsx,tsx}'
    ],
    theme: {
        extend: {}
    },
    plugins: []
};
```

参考文献

本節の参考文献は次の通りです。

- Unsplash API Documentation | Free HD Photo API | Unsplash
  URL https://unsplash.com/documentation#get-a-random-photo

- Components: <Image> | Next.js
  URL https://nextjs.org/docs/app/api-reference/components/image

- Optimizing: Images | Next.js<
  URL https://nextjs.org/docs/app/building-your-application/optimizing/images

- Optimizing: Fonts | Next.js
  URL https://nextjs.org/docs/app/building-your-application/optimizing/fonts

- Routing: Error Handling | Next.js
  URL https://nextjs.org/docs/app/building-your-application/routing/error-handling

EPILOGUE

本書ではApp Routerという新しい機能を含めたNext.jsの諸機能を紹介し、それらを活用したWebアプリケーション開発の方法を学んでいきました。Next.jsを利用するメリットについては各ハンズオンなどで実感していただけたことと思います。筆者も業務や趣味を問わずにさまざまな局面でNext.jsを利用してアプリケーション開発を行っています。

また、Next.js 13に関するセクションで見たように、Next.jsは新機能の開発も積極的に行われているプロジェクトです。今後も最新情報ウォッチしながらぜひ継続的に活用していってください。Next.jsの更新情報は次のリンク先のblogページに掲載されます。

- Blog | Next.js
  URL https://nextjs.org/blog

また、本書ではNext.jsでの開発の前提としてNode.jsやモダンなJavaScriptの利用方法も学びました。Webアプリケーションだけでなくサーバーサイド開発にも応用できる知識が習得できたかと思います。Node.jsは日常的な業務を自動化するスクリプトからバッチ処理やAPIサーバーなど、幅広く活用できるランタイムです。より複雑なアプリケーションを実装するために活用していただけると幸いです。

一方で本書では言及することができなかったNext.jsの機能もいくつかあります。さまざまなユースケースで有用な機能もあるので、ぜひ公式ドキュメントを参照してみてください。

- Docs | Next.js
  URL https://nextjs.org/docs

最後になりますが、本書を執筆する機会をいただいたC&R研究所の吉成様、また本書の企画段階に社内外での調整をいただいたヴァリューズの厚地さん、副業としての書籍執筆を快諾いただいたヴァリューズの辻本さんに感謝申し上げます。

2023年6月

大島祐輝

INDEX

か行

さ行

た行

な行

は行

ま行

や行

ら行